새로운 주거의 형태

미니주택 ≫이동주택 ≫시스템주택 ≫생태주택 ≫재난재해 구호주택 ≫미래주택

new > housing

form and matrix

이문섭 저

기 문 당

머 리 말

아파트는 이제 우리주변의 일반적인 주거형태로서 자리 잡고 있다. 이러한 고층 아파트들로 이루어진 아파트 단지가 우리의 일상적인 주거환경으로 변모된 지는 불과 30여년 밖에 되지 않았다. 또한 불특정 다수인을 감안하여 설계된 아파트 단위세대 내부공간도 제한되고 한정될 수밖에 없었다.

우리나라 전체 주택재고의 50%이상이 아파트라는 주거형식이고 또한 매년 건설되는 50만~60만호의 주택 중 80%이상이 아파트라는 점을 감안할때, 우리나라는 가히 아파트 공화국이라고 하지 않을 수 없게 되었다. 천편일율적인 초고층 아파트의 건물형태나 최대한의 용적률을 적용한 밀집된 아파트 단지 속에서 매일 매일의 주거생활을 영위하고 있는 것이다. 주거생활의 편리성, 주거용지의 부족, 도시지역에의 인접성, 또는 안전한 부동산 투기대상으로서 각광받게 된 아파트가 대표적인 주거형식으로 자리 잡게 된 것이다.

그러나 은퇴자와 고령노인들을 위한 전원주택과 주말의 휴식을 원하는 사람들을 위한 주말주택, 펜션 등이 산촌이나 바닷가 마을에 빠르게 들어서고 있다. 또한 환경오염에 대처하면서 건강한 주생활을 위한 웰빙 개념의 생태주택도 나타나고 있다. 건축의 생산방식도 모든 작업이 현장에서 이루어지던 방식에서 벗어나, 공장에서 생산된 건축구성재나 단위공간 유닛을 현장으로 운반해서 조립 건설하는 공업화 건축공법도 일반화되기 시작하였다.

이 책에서는 새로운 주거의 형태를 개관해 보기 위하여 최소규모의 미니주택, 이동과 전개가 가능한 이동주턱, 조립식으로 짜 맞출 수 있는 시스템 주택, 자연의 자원을 이용하면서 환경에 대처할 수 있는 생태주택, 그리고 늘 우리의 관심밖에 있었던 재난과 재해시 긴급구호주택의 형태, 그리고 미래의 사회, 문화, 기술변화에 따른 미래주택의 모습을 그려보고자 하였다.

이 책을 발간하는데 있어 성심성의로서 협찬집필해주신 인하대학교 건축학부의 동정근 교수와 박진호 교수, 그리고 인하대학교 건축연구실에서 동고동락했던 이명식 교수(동국대학교 건축공학과), 이호정 교수(국립공주대학교 건축학과), 이혁준 교수(인하공업전문대학 실내건축과), 조영호 겸임교수(인하대학교 건축학부), 오진수 박사(건설교통부 건축사무관), 경성종합건축사 사무소의 김기형 박사와 이강복씨에게 깊은 감사를 드린다. 또한 이 책의 발간을 기꺼이 수락해주신 기문당의 강해작 사장에게도 고마운 말씀을 드린다.

2007. 1
이 문 섭

contents

미니 주택 Mini House

이동 주택 Mobile House

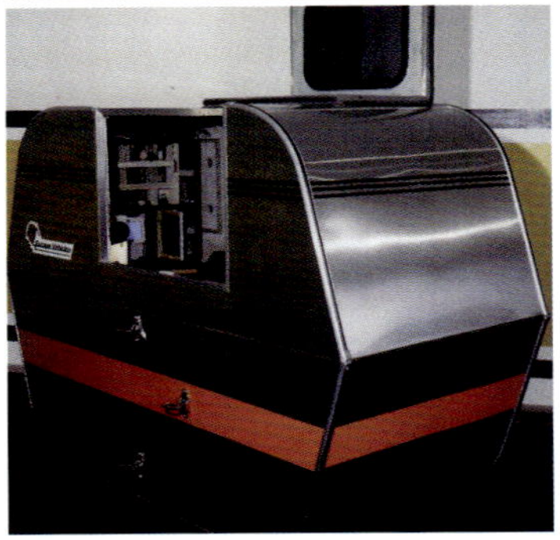

시스템 주택 Systems House

contents

생태 주택
Eco House

재난재해 구호주택
Post-disaster Refugees House

미래 주택
House in Future

새로운 주거의 형태

주거는 삶의 보금자리이며, 우리의 생활을 담는 그릇이라고 말한다. 주거는 개인의 인격형성과 가족의 단란 그리고 삶의 질에 미치는 영향이 매우 크므로, 주거의 형태는 그 속에 들어가 살 거주자의 정신과 마음을 포함하여 삶에 가장 적합하게 고안되어야 한다. 전통적으로 주거의 형태는 세계 속의 민속주택의 형태에서 보는 바와 같이 주거가 입지하고 있는 지역의 기후, 풍토 등 자연적인 환경과 그 시대의 경제 · 사회 · 문화적 환경 그리고 과학기술의 발달 등에 크게 영향을 받아왔다.

최근 들어서의 급격한 과학 및 기술의 발달과 도시문명의 진전 그리고 라이프싸이클과 생활 패턴의 변화 등은 주거의 형태를 크게 변화시키고 있다. 또 기계 전자문명의 진전에 따라 생활의 편리성은 높아졌으나, 인간사회가 유지하여 온 유대감, 장소의 풍토성, 역사성과 결합된 생활환경의 풍부함은 사라져 버리고, 그것을 즐겨온 인간의 마음도 메말라가고 있다. 무질서하고 급격한 도시화의 진행은 도시와 농촌의 조화된 병존을 붕괴시키고, 과밀도시의 병폐를 가중시켜 왔다.

대도시로의 인구집중은 주택난, 토지가격의 앙등, 생활환경의 파괴 등을 가져 왔으며, 대도시의 주변에는 주택난을 해결하기 위한 대규모의 고층 집합주택단지, 즉 베드타운이 건설되어 도심과 베드타운 간에는 아침 저녁으로 인구 이동의 물결이 생겨 교통체증을 더욱 심화시키고 있고, 한 밤중의 도시는 공동화되어 죽음의 도시로 변하고 있다.

이제 고층고밀도 아파트는 우리 주거의 새로운 주거유형으로 자리 잡게 되었으며, 불특정다수를 위하여 계획된 경직된 틀 속에서 우리의 삶을 맞추어가게 되었다. 더나아가 이웃과 더불어 살아가는 동네로서의 공동생활의 장을 상실해가고 있다.

최근 연간 건설되는 60여만 호의 주택 중 집합주택이 90%(아파트는 80%)에 이르고 있으며, 우리나라 전체 주택재고의 50%이상이 아파트라는 주거유형이 차지하고 있는 실정이 되었다. 이러한 우리의 열악한 주거 환경 속에서 다양한 주거환경의 추구가 절실하게 필요하다. 이 책에서는 새로운 주거의 형태를 미니주택, 이동주택, 시스템주택, 생태주택, 재난재해 구호주택, 그리고 미래주택으로 구분하여 고찰하고자 한다.

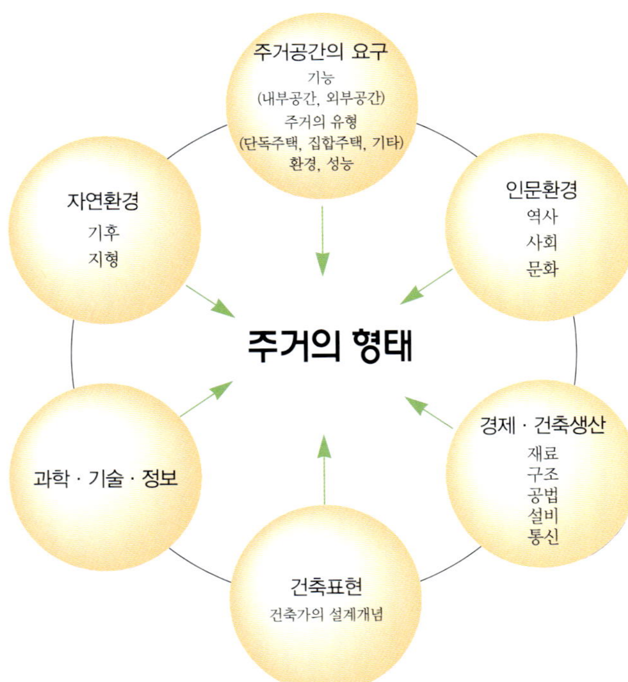

■ 미니주택(Minimum House, Mini House)

인류가 신석기시대 이후로 피난처(shelter)로서의 주택을 지었을 때에는 험난한 기후에 대처하면서 주변에서 구할 수 있는 재료, 적용할 수 있는 건축기법, 빠른 건설기간 등 여러 제약조건으로 인하여, 그 공간의 크기는 아마도 거주자에게 적정한 크기라기 보다는 최소한의 규모였을 것이고, 주택의 구조도 건축기법의 수준에 따라 간이구조로서 이루어졌을 것으로 추측된다.

문명이 발전되고 경제적 여유가 생김에 따라 주거의 규모도 커지고, 시설 설비도 확충되고, 더 나아가 주택의 외관과 실내의 장치와 가구에도 관심을 갖게 되었을 것이다. 그러나 어느 시대에나 대다수의 일반대중은 경제적으로 어려운 저소득계층으로서 최소한의 주거수준에도 못 미치는 주거환경 속에서 어려운 삶을 이어갔을 것이다.

또한 지진, 화재, 수해, 전쟁, 테러, 등의 재해로 인하여 긴급임시구호 주거시설이 필요한 때에도 우선 수용이 가능하고 건립이 용이한 최소한의 주거 시설의 제공이 요구될 것이다

저소득계층의 주택문제 해결을 위하여 국가가 참여하게 되고 최소한의 주거를 임대 주택이나 분양주택형식으로, 또한 도시에서 확보할 수 있는 토지와 토지가격으로 인하여 저층보다는 고층고밀의 집합주택 형식으로 주택정책을 통하여 수행하게 된다. 이때 최소한의 주거의 규모와 수준은 주택정책 실현을 위한 기준이 되는 것이다. 그러나 경제가 성장하고 소득수준이 향상됨에 따라 최소 주거규모로 인한 단위세대의 과밀한 주거공간의 문제가 발생된다. 그러므로 이러한 최소한의 주거규모 주택의 계획에는 성장형 또는 병합형의 성장 가변화 계획이 필요하다.

한편, 노동시간의 단축으로 인하여 자유시간이 증대하고 자연에 대한 강한 욕구는 도시주거에서 탈피하여 농촌, 산림, 해안지역에서 주말을 지낼 수 잇도록 소규모의 주말주택이나 장기체제형 리조트를 필요로 한다.

사람들은 물질적인 풍요로움을 넘어서 정신적으로 풍족성을 구하고 있다. 주휴 2일제의 정착, 고령화 사회의 도래로 충분한 시간을 유용하게 보내려는 인식이 증대되고, 필요에 따라 한 장소에서 다른 장소로 이동시켜 재조립할 수 있는 이동식 조립주택이나, 해체하지 않고 주택전체가 이동 할 수 있는 모빌홈, 실단위 또는 주택 전체를 상자형 유닛에 의하여 조립건설하는 모듈러 주택이 예상된다.

숲속의 생활 "(Walden, or Life in the Woods)" 저서로서 유명한 헨리 데이빗 소로우는 1845년 3월~12월 미국 매사추세츠주 콩코드시에서 3.2km 떨어진 월든 호숫가에 3m×4.5m(10′×15′) 크기의 목조 오두막을 손수 짓고 자급자족으로 2년 2개월을 살면서 저술과 사색의 생활의 하였으며, 이 오두막은 소로우가 살아가는데 있어 꼭 필요한 것만 담은 미니주택의 하나라고 할 수 있다.

■ 이동주택 (Mobile House, Deployable House)

유목민들은 계절에 따라 이동하는 가축을 따라 이동하면서 생활하게 되며, 간단한 조작으로 건립하고 해체할 수 있는 이동식 주거가 필요하게 된다. 사막지역이나 초원에서는 텐트구조나 티피(Tepee)로서, 몽골에서는 게르(Ger)로서, 북극 가까운 극지에서는 겨울철에는 이글루(Igloo), 여름철에는 텐트구조에서 생활하게 되었다.

현대에 와서 미국에서는 신혼부부나 은퇴한 노인을 위한 저렴 주택으로서 또는 계절에 따라 이동하기 쉬운 주택으로서의 모빌 홈(mobile home)의 수요가 급증하고 있으며, 모빌 홈은 모빌 홈 팍 (mobile home park)에 집단으로 정착하기도 한다.

또한 건축기술의 발전에 따라 손쉬운 접합방식의 고안으로 조립과 해체가 용이하며, 대 공간으로까지 전개가 가능한 이동전개주택(deployable house)으로 발전되고 있다.

존 스타인벡의 미국대륙 여행기인 "찰리와 함께한 여행 (Travels with Chalie)" 내용 중에는 미국 오하이오주와 미시간주를 지나면서 많은 모빌 홈이 이동하는 것을 보고 모빌 홈에 흥미를 느껴 모빌 홈 팍에서 살고 있는 거주자와 모빌 홈에서의 생활에 대해서 대화를 나누는 흥미있는 내용이 있다.

우리가 가장 소중하게 여기는 뿌리, 다시 말해서 어떤 땅이나 지역사회에서 뿌리를 두고 자라온 것에 대해서, 더 나아가 자식들이 뿌리 없이 자라는 것에 대하여 어떻게 생각하는지에 대하여 묻고 있다. 그에 대해서 모빌 홈 거주자는 수백, 수천의 소규모 단위세대의 고층 아파트에 살고 있으며, 수시로 이사를 다니는 사람들에게 무슨 뿌리를 찾을 수 있는가를 되묻고 있다. 그러면서 본인의 아버지는 이태리에서의 이주민으로서 이태리의 어려운 생활과 환경을 과감히 끊어버리고 미국으로 이주해 왔으며, 부인도 아일랜드 후손으로서 서로 만나 새로운 뿌리를 만들고 있다고 대답한다.

모빌 홈이 미국인들에게 일상적인 주거로서 자리매김할 수 있는 바탕에는 이러한 이주민의 문화가 있으며 이주민으로 구성된 미국사회의 주거형태의 한 표현이라고 볼 수 있겠다.

■ 시스템주택 (Systems House, Industrialized House)

주거생활의 내용을 담는 주거건축공간은 건축부위를 구성하는 건축구성재에 의하여 구체적으로 나타나게 되며, 전부터 건축 부위의 구성은 건축현장에서의 시공과정을 통하여 이루어져 왔다. 그러나 건축분야에 있어서도 과학과 기술의 발전, 그리고 건축수요의 급속한 증가와 시공기간의 단축요구 등에 따라 건축현장의 작업을 공장에서 부분적으로 완성하여 현장에서는 운반된 구성부재 · 부품을 조립 건설함으로써 공사기간을 단축하고, 생산성의 향상과 고품질의 확보를 도모하게 되었다.

또한 사회가 급속하게 발전하고 변화함에 따라 건축의 종류와 수요가 증가하고 품질의 향상과 다양화가 요구되며, 건축물은 사용용도 뿐만 아니라 표현에 있어서도 인간의 욕구를 만족시켜야하므로 디자인, 기능, 건설, 및 경제성 등을 같은 입장에 놓고 건축에 통합시켜야 하는 노력이 필요하게 되었다.

공장생산에 의해 규격화된 건축부재 · 부품을 사용하여 통합건축(total architecture)으로 이루는 건축생산과정을 계획, 설계, 제품의 생산, 운반, 건설, 유지관리 등의 일체화된 체계로 파악하여 시스템 건축 (systems building) 이라고 부를 수 있을 것이다.

시스템 주택을 생산조직 면에서 볼 때 클로즈드 시스템(closed system) 과 오픈 시스템(open system) 방식의 생산시스템으로 구분할 수 있다. 어떤 특정한 대상의 건축에서 설계, 제조, 수송, 조립 및 마감공사까지 총괄하여 책임을 지는 건축시스템을 클로즈드 시스템이라고 하고, 개개의 건축구성재인 부재 · 부품과 건축 전체 시스템의 상호교환을 가능하게 하여 자유롭고 다양한 디자인을 나타낼 수 있도록 하는 시스템을 오픈 시스템이라고 한다.

외력과 자중을 부담하는 구조형식에 따라 패널 시스템(panel system), 가구식 시스템 (skeletal frame system), 상자식 시스템 (box, cellular, unit, capsule, modular, sectional system)으로 구분한다.

또한 공장과 현장에서의 작업 완성도에 따라 고도공업화 공법, 중간공업화 공법, 그리고 개량공업화 공법으로 구분할 수 있다. 생산방식에 따라 고정식, 이동식, 현장가설식 생산방식으로 구분 할 수 있다.

시스템 건축의 설계, 생산, 조립건설의 모든 과정에 있어서는 부재와 부품, 또는 부재 · 부품과 전체 건축물 간에 치수와 성능에 있어서 일련의 공통된 약속 하에 건축가, 기술자, 생산자들이 서로 협력하여 작업이 이루어져야 무리없이 체계적으로 건축이 이루어질 수 있게 된다. 이를 위하여 시스템 플래닝(system planning), 모듈설계(modular design), 성능설계가 필요하게 된다.

■ 생태주택 (Eco House)

지구의 자원과 에너지의 고갈, 그에 따른 환경오염문제 등과 함께 주택의 내부와 외부의 건강과 쾌적성이 요구되는 시대적 상황에 따라, 자연과 주변 환경에 조화되면서 자원과 에너지를 효율적으로 이용하여 건강한 주생활을 이룰 수 있는 생태주택의 개념이 대두되었다. 이를 실현하기 위해서 자연환경과 에너지 효율을 고려한 입지선정, 건축계획 및 설계, 재료의 선택, 건축공법 그리고 수목과의 연계 등이 요구되고 있다. 즉,태양에너지의 효율적 이용을 위한 자연형 및 설비형 태양열 시스템의 적용, 건축물의 시공과 유지관리에 필요한 에너지와 자원의 수요 최소화, 식물 등을 이용한 실내기후조절, 자연재료인 흙이나 나무 등 전통적으로 사용되어온 자연소재 또는 무독성의 재생재활용 소재를 이용한 재료의 선택 등의 실천방법이 있을 것이다. 더 나아가 생태학적 개념을 적용하여 주거단지를 이루고 친밀한 공동체 마을을 조성하여야 할 것이다.

■ 재난재해 구호주택 (Post-disaster Refugees House)

지진, 가뭄, 태풍, 홍수, 산림화재, 전쟁, 테러, 등 자연 및 인위적인 재난재해가 발생했을 때 가장 시급한 선결과제는 이재민들에게 필요한 식량과 거처를 제공하는 일이다. 임시 거주시설로서는 단체수용이 가능한 학교, 종교시설, 공공청사 등 안전지대에 있는 지역시설을 이용하기도 하지만, 수용 가능한 시설마저 재해로 없어졌을경우 임시구호주거로서 텐트 또는 컨테이너가 이용되고 있다. 그러나 공급효율의 기본적인 요건에서만 고려되다보니 임시구호주거에 입주하지 않거나 입주 후에 잘 사용되지 않는 사례도 있다.

더욱이 재난재해 이후에 새로 입주할 주택을 건설하기 위해서는 재해재난지역의 생활 기반시설과 취락구조 배치안이 정비되고, 주택을 건설하여야 하는 장기간의 기간이 필요하게 된다.

그 기간 중 임시구호주거로서는 여름과 겨울철에는 더위와 추위 , 그리고 급수 · 위생 등 열악한 환경속에서 생활하여야 하는 어려움이 있다. 그러므로 임시적인 구호주거로서 뿐만 아니라 정상적인 주거의 연장선상에서 인간의 기본적인 생리적 욕구를 해결함과 동시에 사회 · 문화적 욕구를 고려하면서, 그리고 중 · 장기적인 재난재해구호주택의 시계열적 성장발전계획이 필요하다.

임시 및 단기 구호주거는 이재민의 복구단계에서 단기간의 필요성에 의한 주거의 대체 방안으로 공급되지만, 중 · 장기적인 구호주거는 주거의 기능 및 삶의 질이

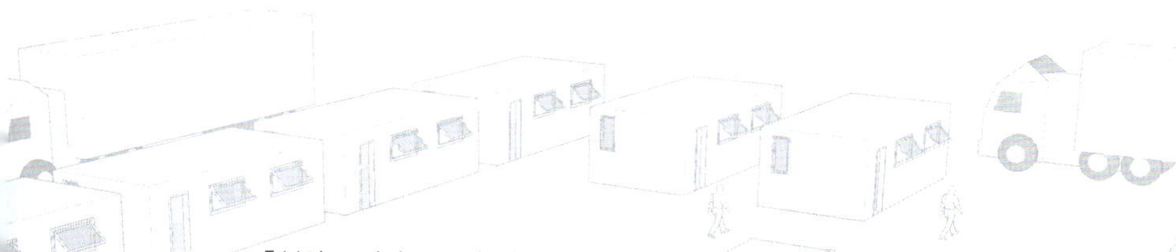

충분히 고려된 주호의 방안으로 설정되어야 한다. 중·장기 구호주거는 이재민의 편의 및 요구에 충족될 수 있는 주거 유형으로 사용자와 공급자의 측면에서 신속성, 시공성, 경제성 및 안전성이 부여되어야 하며, 공급의 확대를 위하여 공업화, 대량 생산이 가능하여야 하고, 다양한 주거유형에 대응이 가능한 가변화 시킬 수 있는 구호주거유형으로 개발되어야 한다.

■ 미래주택 (House in Future)

21세기에 있어서 가치관의 변화와 라이프 사이클 및 생활패턴의 변화, 설비의 고품질화, 건축기술의 발전은 새로운 주거문화와 주거의 형태를 형성해 갈 것이며, 또한 기존의 주거와 주거단지에 대한 개선과 갱생이 적극적으로 진행될 것이다.

도시는 인구과잉으로 수용범위를 넘게 되고, 또한 사회구조의 변화에 따라 도시와 농촌의 변화를 구별할수 없게 된다. 이어서 도시는 서서히 해체되고, 도시에 의한 농촌의 흡수와 농촌에 의한 도시의 흡수가 동시에 일어날 것이 예견된다.

개인과 가정을 중시하는 21세기 사회에서는 풍부한 자연 속에서 생활하고자 하는 사람들이 지방으로 되돌아가서 살고자 할 것이다. 따라서 도시에서 살고자하는 농민들의 동경과 전원에서 살고자하는 도시생활자의 꿈을 전원도시에서 해결하고자 한다. 앞으로도 양적인 주택의 대량수요는 계속될 것으로 예측되며, 소득수준의 향상과 주거인식의 변화에 따라 주택성능의 질적인 향상과 다양화, 설비의 고품질화와 함께 디자인의 우수성에 대한 요구가 높아지게 된다.

주택생산의 효율성을 높이고 공기단축, 품질의 향상, 기능 인력의 절감을 도모할 수 있는 주택생산의 공업화와 합리화가 설계, 재료, 구조, 공법, 등의 건축기술발전에 따라 가속화 된다. 공업화주택의 구조시스템은 주로 공장에서 제작 조립된 3차원적인 상자형의 공간유닛 부품군에 의하여 형성되고, 또는 하나의 완성된 주택유닛으로서 이루어진다

공간유닛은 스스로 완결된 공간구조를 갖고 있어야 하며, 이들이 서로 결합되어 새로운 주거공간을 형성하여 가는 자율성과 부가성을 갖추고 있어야 한다. 또한 주택유닛을 구성하고 있는 부재·부품의 재료적인 수명과 사용자의 기호에 따라 교환이 가능하도록 호환성도 갖추고 있어야 한다.

가구규모의 축소, 생활양식의 변화, 자유시간의 증대, 생활패턴의 다양화는 설비의 콤팩트화, 미니추어화, 이동식을 요구하게 되고, 생활공간의 쾌적성과 공간의 재배치 등을 요구하며, 전자기기의 발달에 따른 주생활 설비의 변화는 가사노동의 경감과 함께 쾌적성을 향상시키게 된다.

주택내부공간에 있어서 프라이버시가 요구되는 공간과 설비공간을 유닛화하고, 기타의 공간을 자유롭게 구성될 수 있도록 오픈 플랜으로 계획하여 필요에 따라 이동식 가구 겸 칸막이벽으로 구획한다. 부엌의 기능을 키친유닛으로, 목욕실과 세면, 배설 등 물과 관계있는 기능을 하나로 통합하여 소위 설비의 핵화를 도모한다.

가정 내에는 24시간 정보 송수신장치가 보급되며, 각 가정마다 직장에서 일하는 시간이 일정치 않아 근린주구 전체가 24시간 활동하게 된다. 컴퓨터나 팩스를 이용하여 가정 내에서 일하는 재택근무가구가 늘어나 주택계획에도 이를 반영하여야 하며, 가정 내의 생활기구도 자동화, 인텔리전트화 된다. 한편, 새로운 주거환경을 추구하고자 하는 노력이 계속되며, 인간적인 환경의 창조를 의도하여 스케일의 분해를 도모한다. 따라서 집합주거는 고밀도 중저층(Low-rise, High-density)으로 계획되고, 풍토에 뿌리를 두고 있는 환경친화적 소재로 전통적인 건축수법이 수용된다. 또 사람과 차량을 분리시켜 두 영역을 명확하게 하여 주구는 사람만의 영역을 획득하며 이것이 성장 발전하여 커뮤니티영역을 형성하게 된다.

Mini House
1. 미니 주택

● 주거의 개념 ● 미니하우스 개론 ● 도시형 미니주택 ● 전원형 미니주택

주거의 개념

역사 이래 인간의 가장 원초적인 건조물은 주거이다. 그 당시 주거는 단순히 비, 바람으로부터의 피신(避身)이나 혹은 야수나 맹수들로부터의 은신처(隱身處)로서 쉘터(shelter)를 의미하였다.

태초의 인류

동굴주거 : 비, 바람 등을 피할 수 있는 동굴은 당시에는 가장 안락한 은신처(주거)이었을 것이다.

기원전 약 7,000년경의 신석기혁명은 인간을 유랑의 생활에서, 정착 생활할 수 있게 했으며, 이제 그들이 생각하는 주거의 의미는 이전과는 전혀 다른 모습을 가졌을 것이다. 물론 그 당시의 주거는 현재 우리가 생각하는 의미의 주거는 아니었을 것이라 생각된다. 주거를 형성하는 가장 기본적 요인은 인간의 생활행위이며 인간의 생리적, 물리적 욕구에 대한 충족의 결과로, 일정한 모습을 지닌 건축물로서 나타나게 된다.

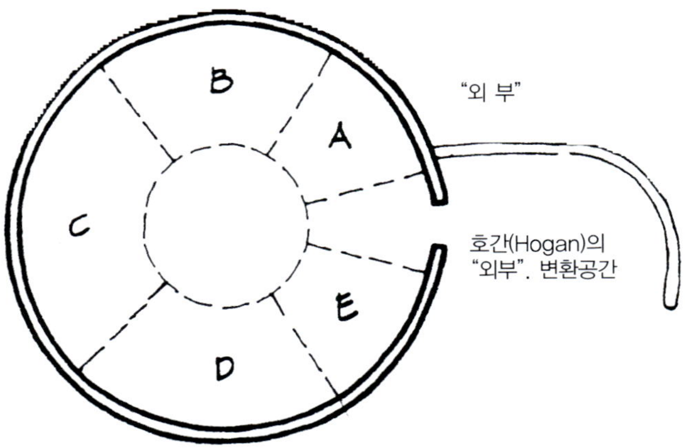

A 북쪽의 작은 구석
B 북쪽 구석
C 서쪽 구석
D 작은 구석
E 동쪽의 작은 구석

나바호호간의 전형적인 내부배치도

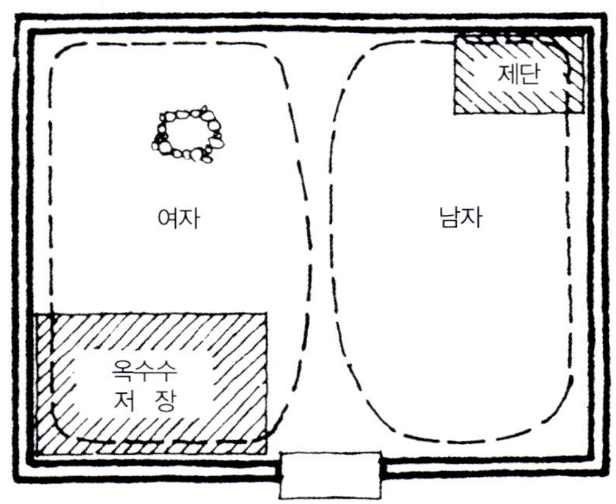

근대마야주택의 남여영역

사회가 다양화되고 복합화 되면서 주거는 단순히 기본적 욕구이외에 많은 것이 요구되었다. 따라서 주거를 고찰하는 관점은 문화사의 일부로서, 사회구조의 동적 변천과정 내에서 그 시대의 주거가 갖는 특성, 의미 그리고 그 계보를 규명하여야 할 것이다. 또한 인간은 사회를 형성하고 개개인의 집합과 그 총체로서 개인 간 행위의 상호관계 속에서 하나의 동질성을 지닌 공동체를 형성하게 된다. 이러한 속에서 이루어진 건축 또한 사회 속에서 인간관계를 전제로 하여 형성되는 것이며, 일반화하여 보면 "주거문화"(또는 인공환경 built environment)라는 "문화"의 개념으로 이해될 수 있다.

居

장방형 움집, 전남 영암 선사유적지

쉘터

한반도에서의 신석기시대 움집터를 보면 대체로 지름이 4~7m 정도의 원형이나 장방형의 단일공간으로 되어 있는데 삼국시대에 이르러 건물의 기능이 분화되어 주생활이 다양해진 것으로 알려져 있다.

남 시베리아, 중앙아시아의 투르크계 여러 민족이 사용했던 유르트(yurt)라고 하는 주거는 몽골인의 게르(ger)와 동일하다. 나무를 얽어, 원통형으로 세워 놓은 외벽위에 서까래를 방사형으로 만들어 지붕을 얹고, 전체를 펠트로 씌운다.

유르트의 내부공간은 엄격하게 네 부분으로 나누어진다. 가족의 우두머리를 위한 공간, 여자들을 위한 공간, 어린 아이들을 위한 공간, 손님들을 위한 공간 그리고 사당으로 공간을 분리하며 난로는 중앙에 위치한다.

게르(ger)의 지붕과 평면도
하늘의 상징이기도 한 원형주거로 입구에서 들어가면 중앙에 난로를 중심으로 남녀의 공간이 구분이 되어있으며, 사당도 마련된 것을 볼 수 있어 그들의 종교관을 엿볼 수 있다.

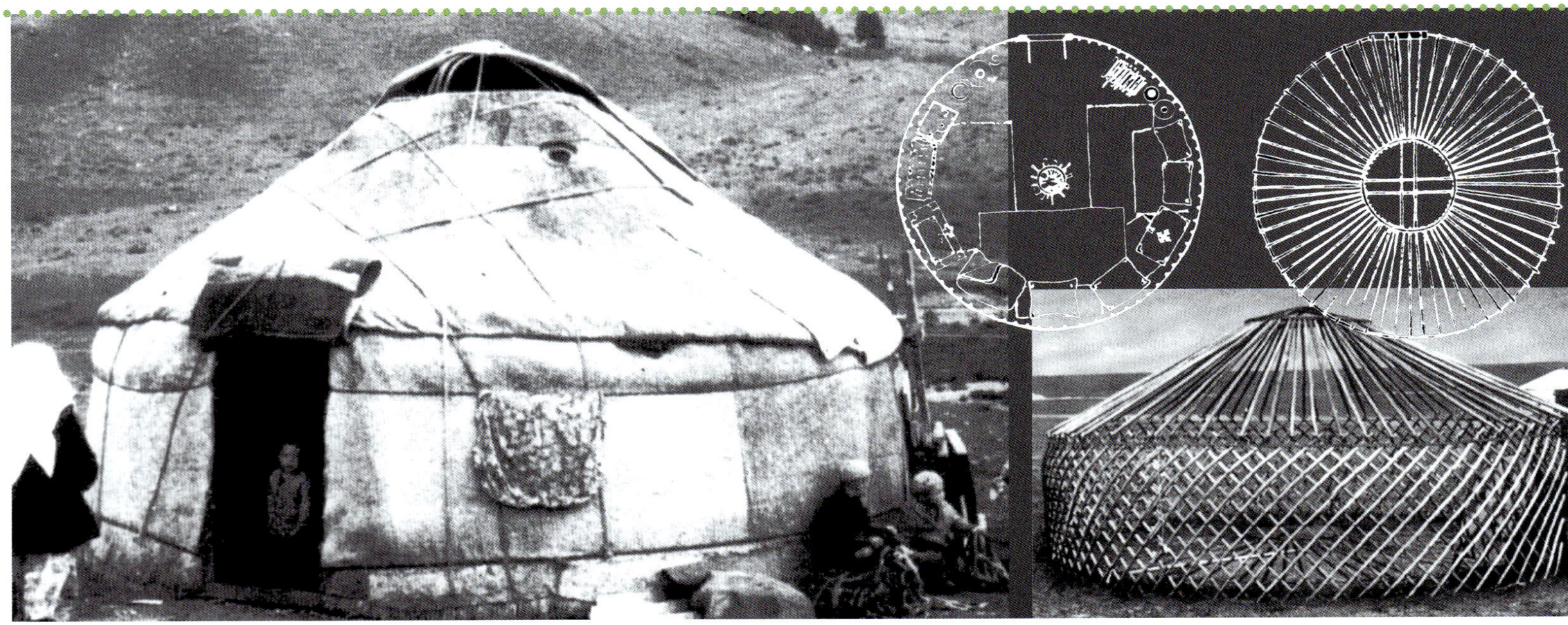

미니하우스 개론

인간이 집을 짓게 된 것은 생명을 보존하기 위함이 그 첫 번째 동기였다. 다시 말해서 원시주거형식의 시작은 더위와 추위, 바람과 비, 눈, 그리고 맹수의 위협으로부터 인간을 보호하기 위하여 자연동굴을 그대로 이용하거나 나뭇가지 등으로 엮어 만든 것이므로 짐승의 그것과 크게 다른 것이 없었다. 그러나 정착생활을 시작하면서 점차 집의 구조가 발전하게 되었고 집의 규모도 커지게 되었다.

헨리 소로우는 1845년 월든 호숫가 숲속에 오두막(3m × 4.5m)을 짓고, 2년 2개월 동안 자급자족하며 저술과 사색의 생활을 하였다.

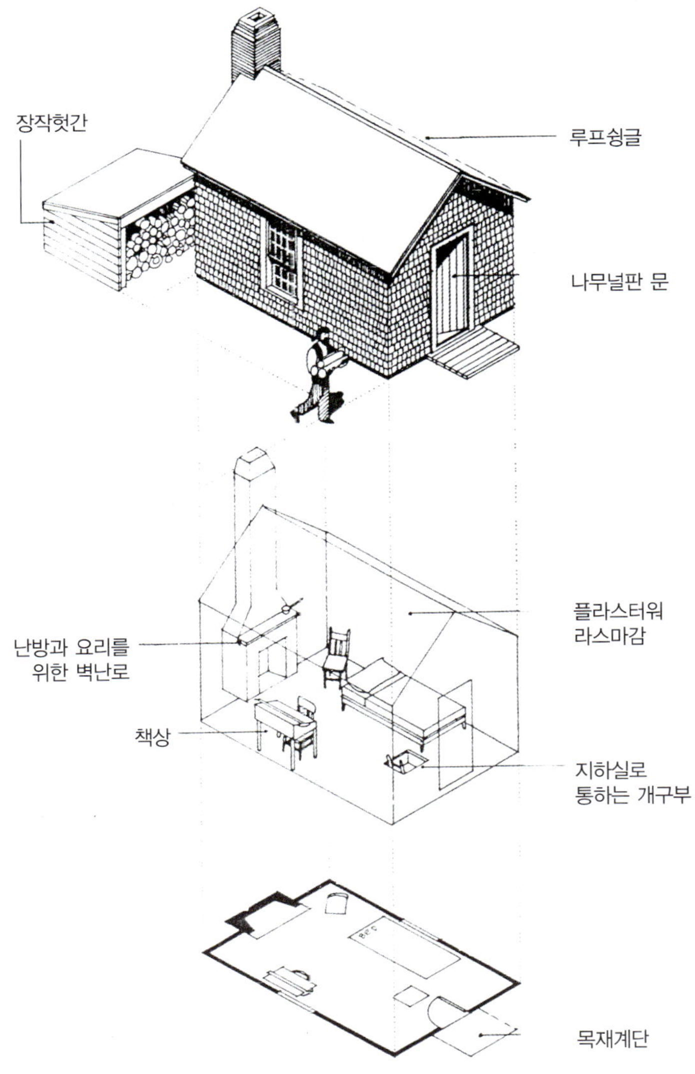

헨리 소로우의 오두막

경제성과 융통성의 장점을 제외한다면 원룸 시스템은 본능적인 배설과 성(性)생활과 같은 사생활 해결에 상당한 문제점이 있는 것이 사실이어서 오픈 플래닝수법에 거주상의 불편이 없다고 는 할 수 없는 것이다. 더욱이 다이닝 키친개념이나 리빙 다이닝 키친의 개념은 가사노동의 경감, 광열비의 절약, 건축비의 경감을 가져 다 준 것은 사실이나 우리의 전통적 식생활 방식을 감안해 보면, 재고하여야 할 점 또한 상당할 뿐 아니라 유기적이며 연속적 구조에 적합 하도록 조정되어야 함이 과소평가되어서는 안 될 것이다. 다만 문명이 진보함에 따라 현대사회가 잃고 있는 것들, 다시 말하여 가족간의 단란함 이라든지 편안함, 일체감, 협동심, 창의성의 결핍이라는 문제점의 일부가 독립되고 개화된 현대주택의 형식에서 비롯된다는 점에서, 우리는 장지문을 통하여 가족간의 교류가 이루어지던 전통생활방식의 본질적 의미를 상기해 볼 필요가 있다.

이동식 컨테이너주택 1

이동식 컨테이너주택 2

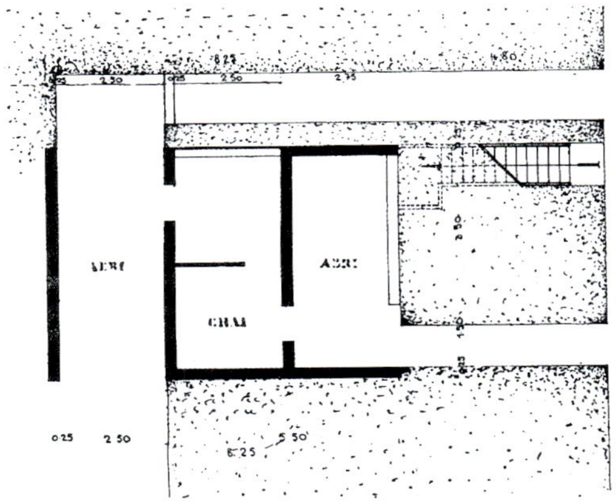

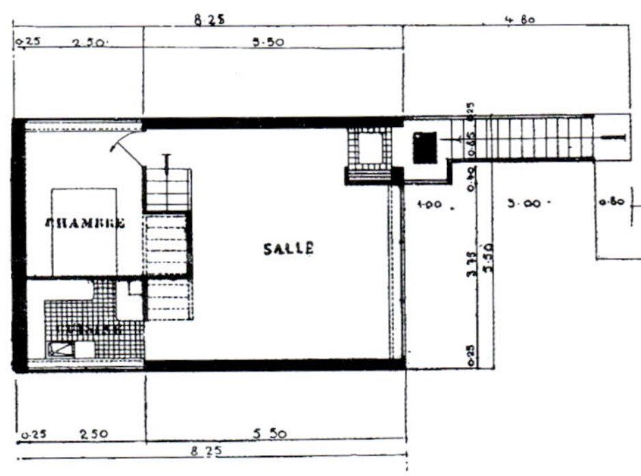

2층 평면도

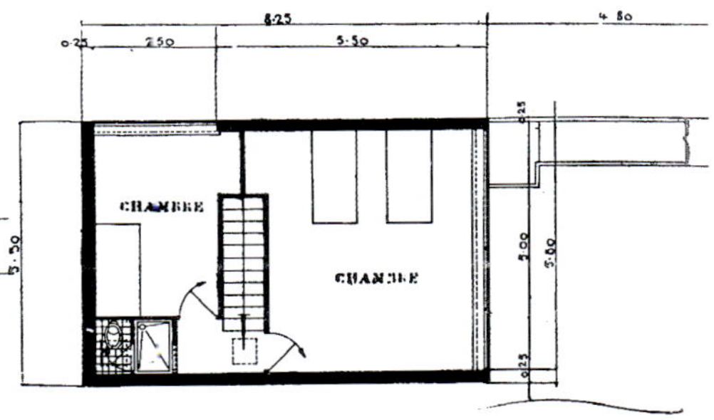

3층 평면도

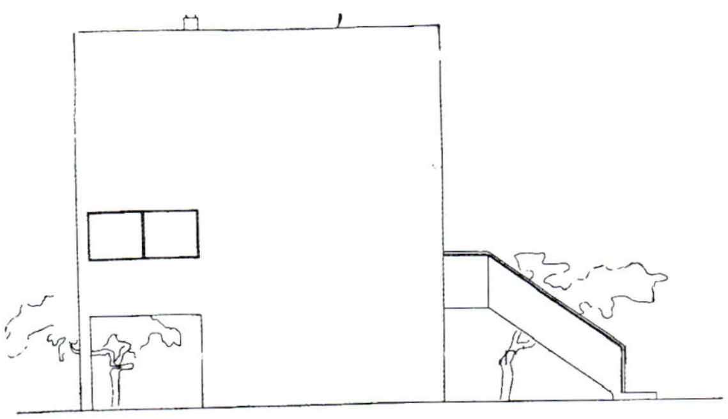

Kennedy' s Hut, Alpine Country, East Gippsland, Victoria, Australia

서측입면도

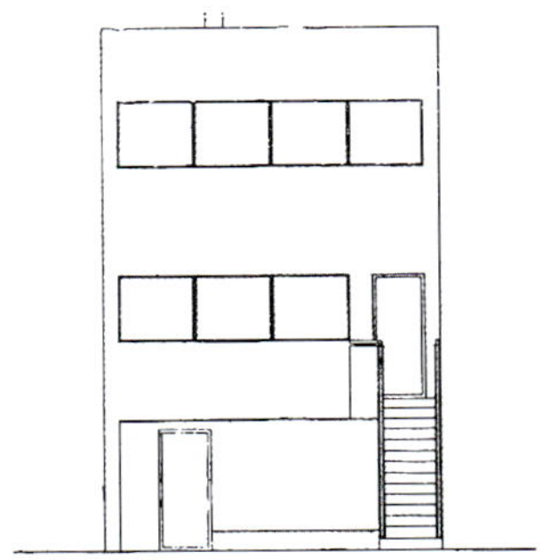

남측입면도

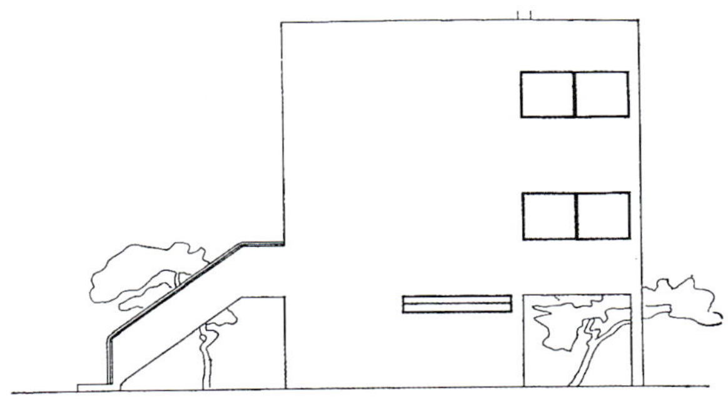

동측입면도

Project de Maisons <Minimum> / Le Corbusier / 1926

1920년대는 1차 대전 후 평안의 회복, 경제부흥의 노력과 좌절이 점철된 시기이며, 20년대 말은 경제공황의 분위기가 짙을 때이다. 르 꼬르뷔제의 최소한 주택은 1927년의 바이젠호프 주택전시회와 1929년 CIAM(근대건축국제회의) 2차 회의에서의 최소한주택 등이 나타나기 전에 이미 그의 관심이 집중되었던 프로젝트로 지상 3층의 장방형 평면이다.

Farnsworth House / Plano, Illinois, U.S.A. / Mies van der Rohe / 1945~50

환스워스 주택은 미스가 미국에서 실현시킨 두개의 주택 중 하나로 건축주는 독신 의사 에디스 환스워스 이다. 시카고 교외 폭스천 부근에 세워진 이 주택은 그가 최초로 실현시킨 클리어스판의 건물이기도 하다. 내부공간은 간결한 동시에 자유롭고 L, H형 서비스 코아, 즉 주방, 화장실, 창고 등이 유일한 폐쇄적 요소였다. 테라스, 약간 높은 바닥 면 그리고 평지붕, 이 세 부분의 수평면이 여덟 개의 H형강 기둥으로 용접 되어 잔디 위에 떠있는 것처럼 보인다. 내부공간은 설비 코아(core)를 중심으로 상이한 기능을 갖는 하프 파티션(half partition)에 의해 구분된다. 또 바닥이 높이 들려 있는 것은 폭스천의 범람에 대처하기 위한 기능적인 해결책이었다.

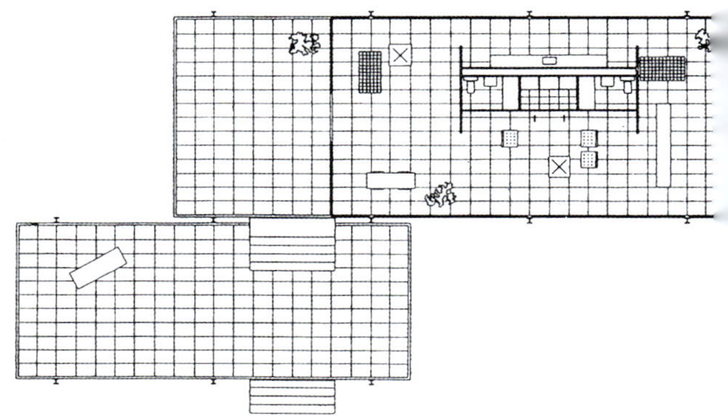

환스워스 주택(Farnsworth House), 미스 반 데르 로에, 1945~1950전경

폭스천 범람시의 전경

Sky House / Tokyo, Japan / Kiyonori Kikudake / 1958

스카이 하우스는 기쿠다케가 설계한 자저이다. 그는 주택이란 결혼해서 부부가 되고, 자녀가 태어나고, 자녀가 자라며 그리고 마지막으로 노부부가 남게 되는데, 그러한 변화에 대응하는 수단으로서 공중에 들어올려진 주구조체의 안이나 밑에 가변방식으로 유닛화 된 설비나, 거실을 자유롭게 변형할 수 있도록 하였다. 당초는 부부 2인이 주구조체에서 생활하고, 피로티 부분을 사무실로 사용하고 있었지만, 현재로는 늘어난 가족에 대응해서, 모든 유닛이 변형되어 1층 부분의 피로티를 둘러싼 침실, 개인 방, 2층은 현관 및 주방, 식당 그리고 3층은 거실로 사용되고 있다.

이 주택은 융통성 있는 공간이용과 공간의 경제성이라는 장점을 갖고 있지만, 주택의 규모와 거주인의 구성에 따라서 보편화되기에는 어느 정도 제약이 있다.

이 주택의 설계수법의 관점에 비추어 볼 때 소규모 주택에서는 적극적으로 연속성의 공간이 가능하며, 큰 규모의 주택에서는 공간의 목적에 따라 조닝의 수법을 인용할 수 있다.

한 변이 약 10m의 정방형 평면과 쉘의 지붕이 4개의 벽기둥으로 우뚝 솟아 있다. 이것은 생활에 형을 주는 따위와 같은 살기 좋은 것은 아니다.

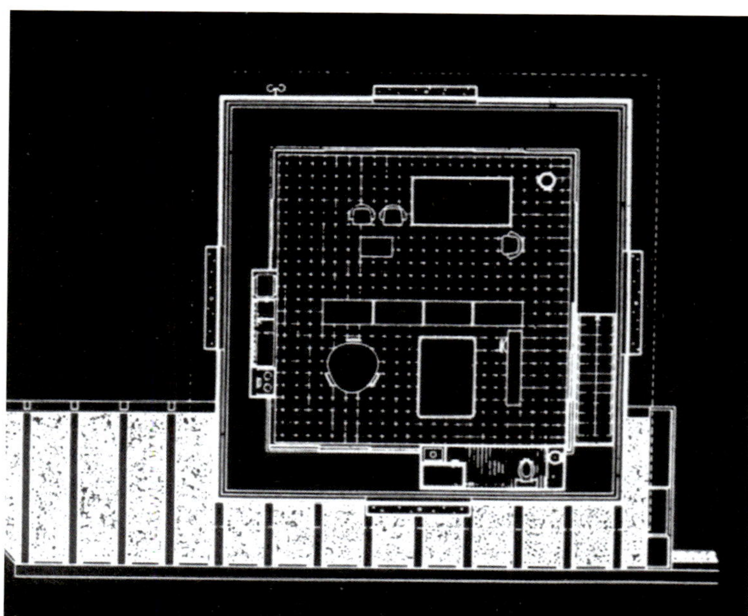

Autonomous House / Ted Bakewell III and Michael Jantze / 1979

이 자율주택 유닛(30㎡)은 입구의 공기 제어장치인 소형 선스페이스(sunspace)에 의해 난방이 되는 패시브 시스템을 이용하였다. 이 시스템은 연료로서 폐 쓰레기를 사용하는 소각로와 장작을 때는 난로로 유지된다. 단열은 90mm 요소포름알데히드거품 외부를 섬유소인 방화/흡음재료 25.4mm로 덮어 이루어진다. 전기는 광기전성 장치와 충전 배터리에 의존한다.

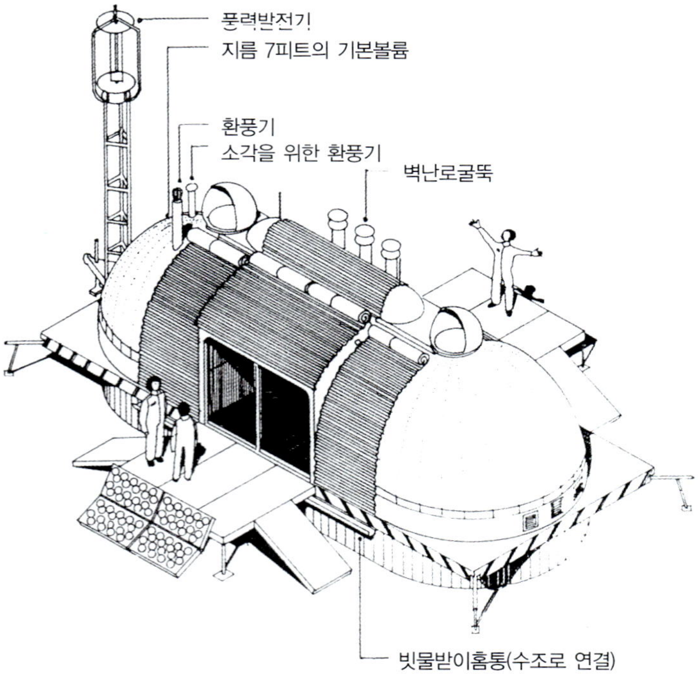

자율주택, 액소노메트릭 드로잉(외부)

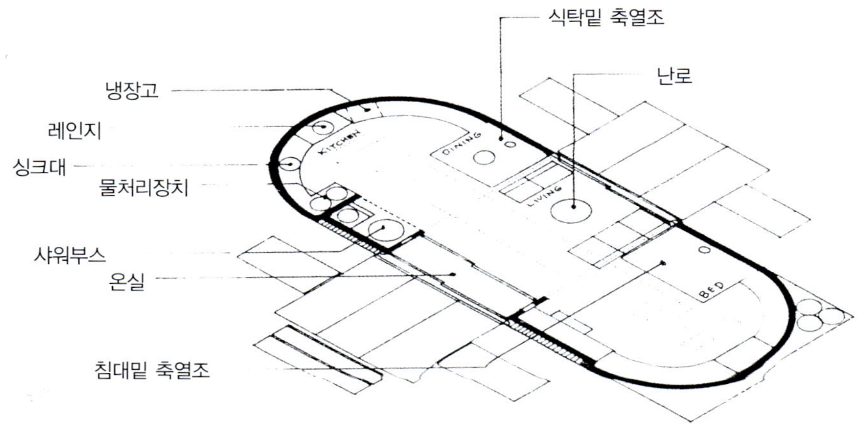

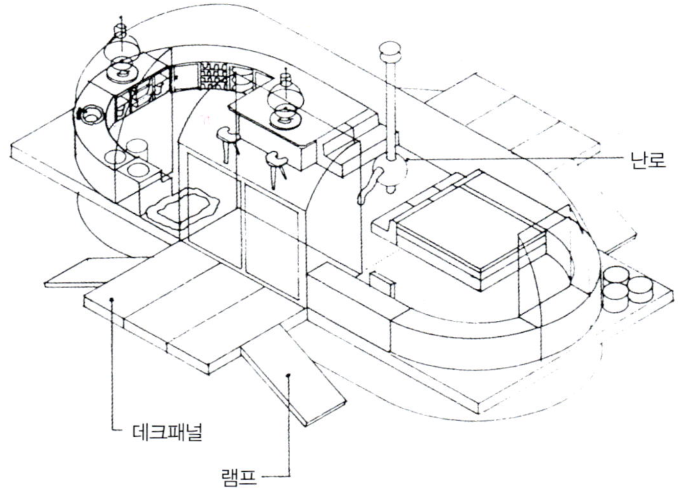

자율주택, 액소노메트릭(내부), 평면도

도시형 미니주택

주거 혹은 쉘터에 관한 선사시대 이전의 원형을 생각해 볼 때, 가변형 주거는 변화무쌍한 환경에 적응하여왔다. 그것은 오늘날 대부분의 주거유형을 형성하고 있는 값비싼 영구구조물에 비하여 친환경적이며 경제적인 이점을 갖는다. 다시 말해서, 건축가들은 유목민이 사용하였던 초기형태와 유사한 이동 가능한 거주환경의 가변성을 만들어 내려한다. 주택의 중심에 위치한 주방과 욕실은 거주공간과 취침공간을 분리한다. 커뮤니티의 형성을 위해 많은 유닛들이 서로 조합될 것이다.

The Office of Mobile Design은 위에서 보여주는 이미지처럼 아마도 대도시 주변의 이동식 주거로 이루어지는 완벽한 커뮤니티를 상상하고 있다.

Portable House+Ecoville / Los Angeles, U.S.A. / The Office of Mobile Design / 2003

열려진 랜드스케이프에 상징적으로 위치하거나, 닫혀진 도시공간 속에서 단순하게 위치하거나 혹은 장기간 존치되든지 간에, 이동식 주거는 폭넓은 실용적 요구와 단순한 기능을 갖는다. EcoVille의 개념은 "거주와 작업을 동시에 수용하는 지속가능한 예술가 마을"을 만드는 것이다. 일련의 이동식 주거유닛은 하층의 작업공간과 상층의 거주공간이 적층형상을 이루고 있다.

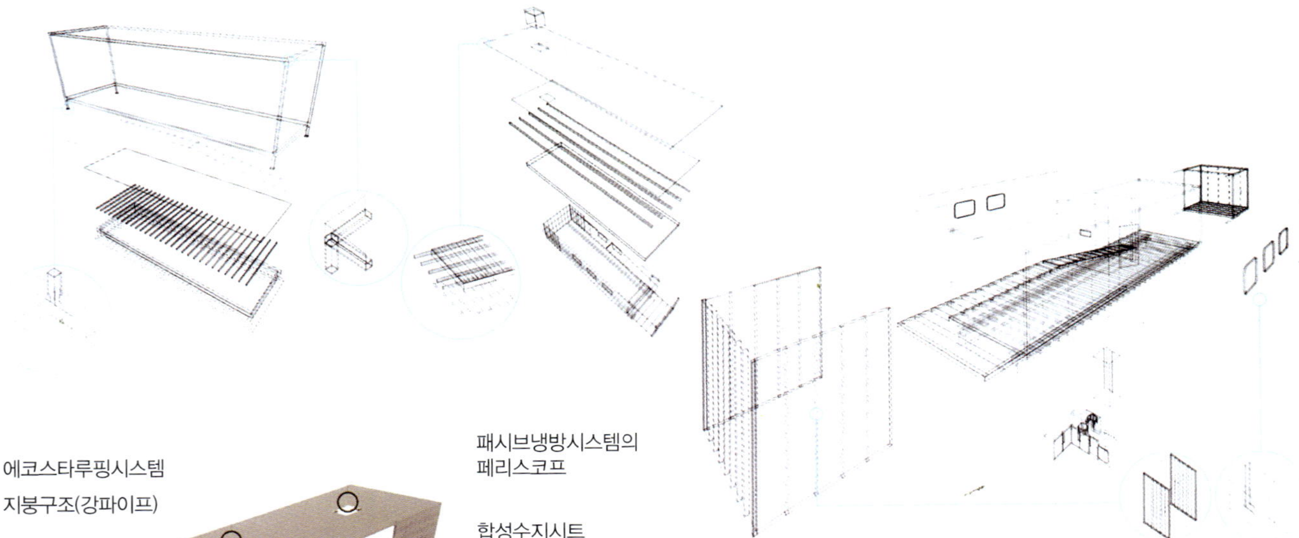

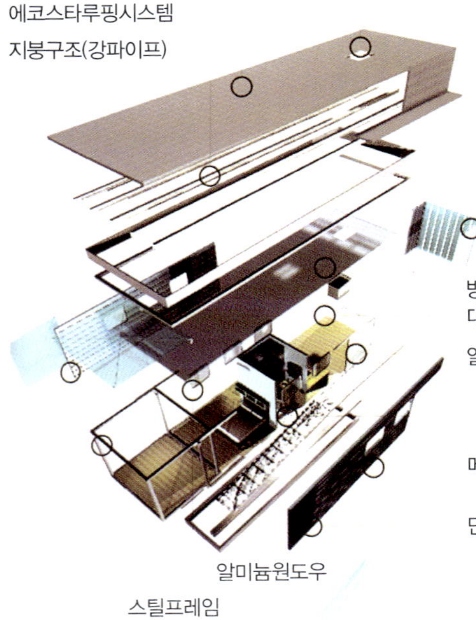

23

Houses on Borneo Sporenburg, Plots 12 and 18 / Amsterdam, The Netherlands / MVRDV / 2000

좁은 정면과 가파른 계단은 네덜란드 주거건축의 특징 중 하나이다. 각 주거는 5m(가로) × 18m(세로) × 12m(높이)이며, 암스테르담의 Borneo Sporenburg지역의 서부 제8마스터플랜 중 12와 18지구에 위치한다. 이 주택에서 MVRDV는 공간적인 독특한 해결로 네덜란드의 로우 하우징의 전통을 잇고 있다. 좁은 후면 도로 측으로 주차와 현관이 만들어지며 입구로 진입하여 반 층 내려가면 주방과 식당이 전면 수변과 맞닿게 되며, 좁고 긴 평면은 내부에서 공간의 적절한 보이드로 개방성과 다양성을 브여하고 있다.

지붕층평면도

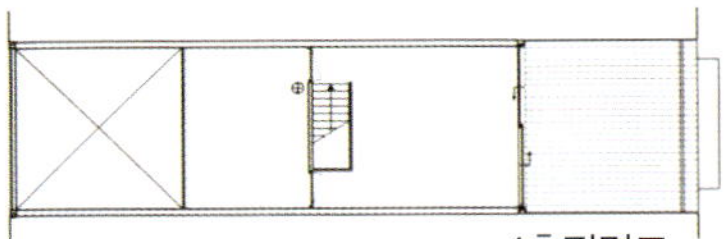
4층평면도

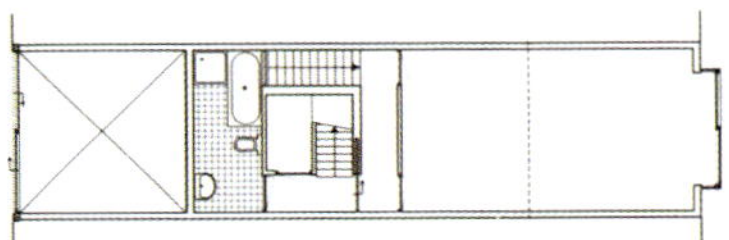
3층평면도

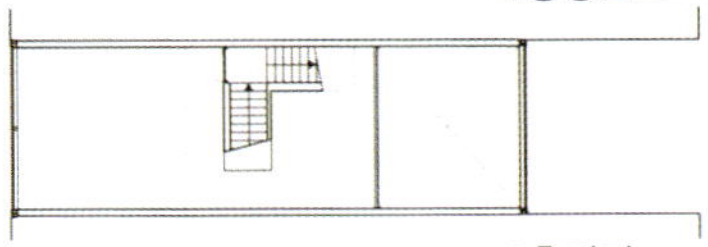
2층평면도

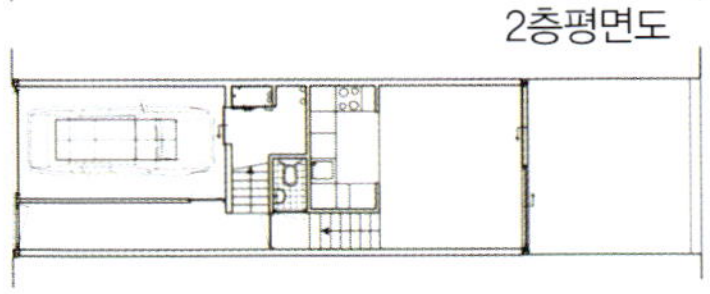
1층평면도

단면도

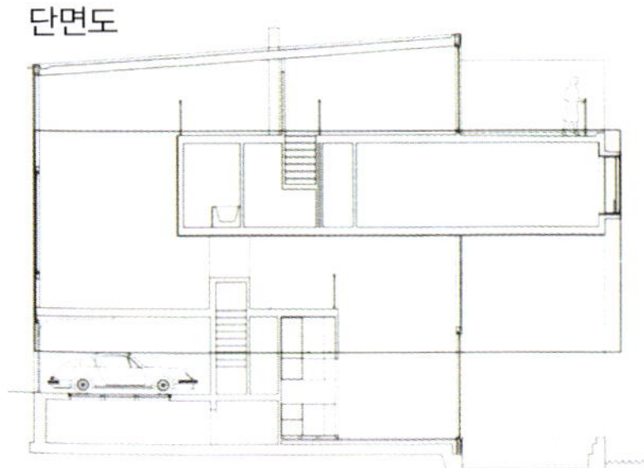

주택전경

수면으로 열려진 주방과 식당

1층의 차고 그리고 상층의 보이드로 구성된 도로측 전경

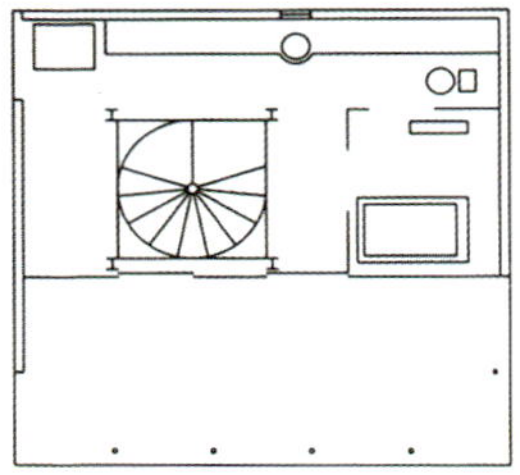

3층 평면도

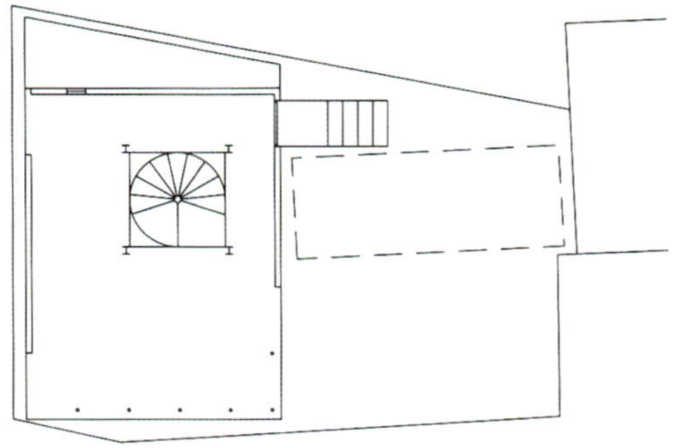

1층 평면도

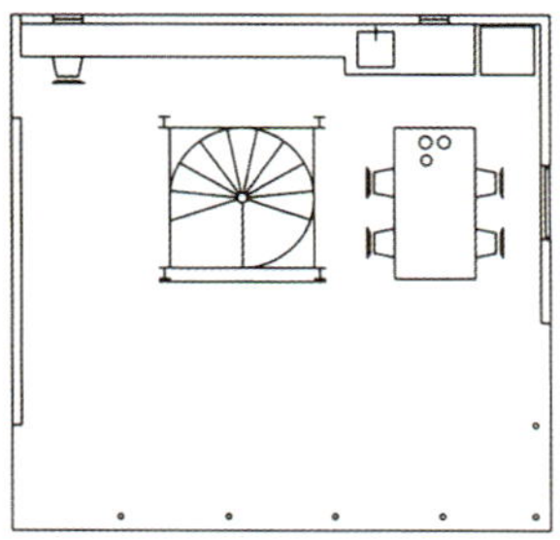

2층 평면도

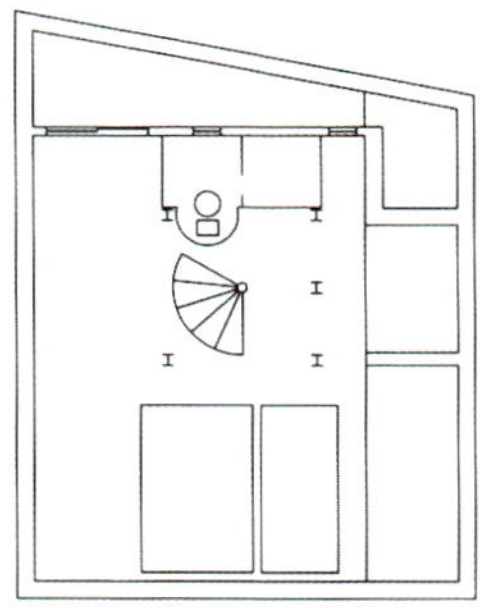

지하층 평면도

주택의 독특한 형상은 적은 대지를 최대한 이용하기위한 비틀림과 구부림의 방법으로 나타난다.

Small House / Tokyo, Japan / Kazuyo Sejima+Ryue Nishizawa, SANAA / 2000

이 소형 주택은 인구밀도가 높은 도시의 밀집 지역에 위치한다.

그 지방 기후에 적응하게하기위해, 주택 내부에서의 더운 공기가 위로 올라갈 수 있도록 하였으며, 산업용 연도를 비유적으로 표현하기 위해 위로 올라 갈수록 건물의 형태는 점차 좁아지는 모습을 하고 있다.

건축주의 요구사항은 기울어진 입면의 형태와 그에 맞는 단순한 디테일이다.

불투명한 유리와 도금철판은 매끄럽고, 현대적인 이미지를 나타내고 있다. 이 주택은 스틸 프레임으로 구성된 원형계단을 중심으로 각기 다른 크기의 콘크리트 슬래브가 4개의 층을 형성하고 있다.

독특한 주택의 외관형태

중앙의 돌음계단은 일부가 테일블인 바닥의 수평면을 방해하고 있다.

경사유리의 파사드는 높은 공간으로부터 두방향으로만 전망을 가능케 한다.

Abeno House / Osaka, Japan/ Shortaro Suga / 1999

아베노 주택은 4인 가족의 주택을 만들기 위해 73㎡의 대지를 제공하고 있다. Shotaro Suga는 조그만 대지에 대응하기위해 복잡한 요구를 단순화했다. 두 장의 연속된 골철판은 대지의 측면 경계를 형성하고 있으며, 동일재료인 3개 층의 슬래브와 서로 연결되어 있다.

건물의 좁은 전면과 후면 그리고 상부 전망정원의 천창을 통하여 거실과 침실로 빛이 유입될 수 있도록 건물의 단면이 형성되어 있다.

큰 회전문은 도로측 파사드를 향해 열려있다. 문이 닫히면, 그 주택은 그 면 뒤쪽에 무엇이 있는지 전혀 알 수 가 없다.

옥상의 전망정원

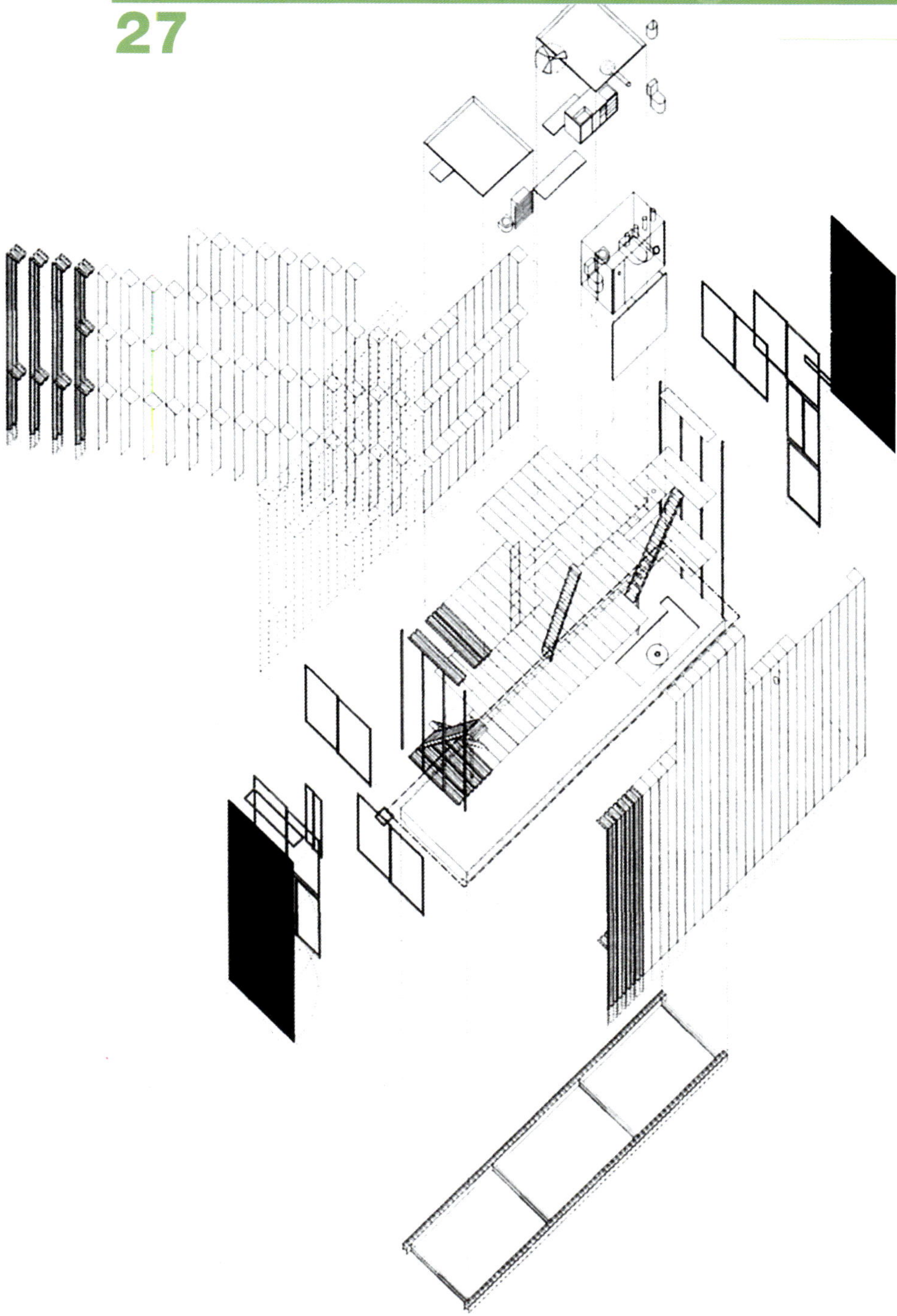

분해된 엑소노메트릭

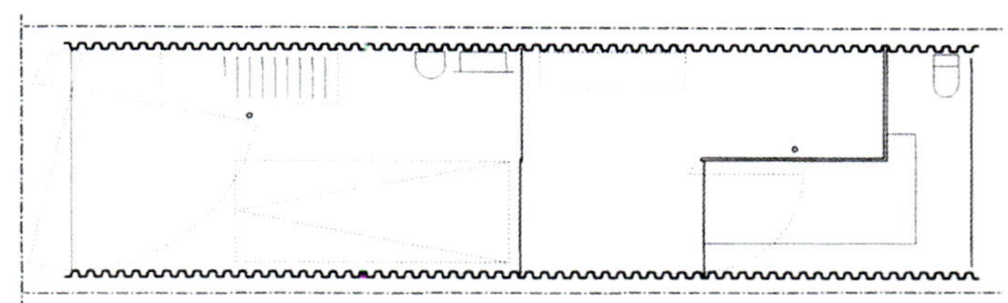

1층 평면도

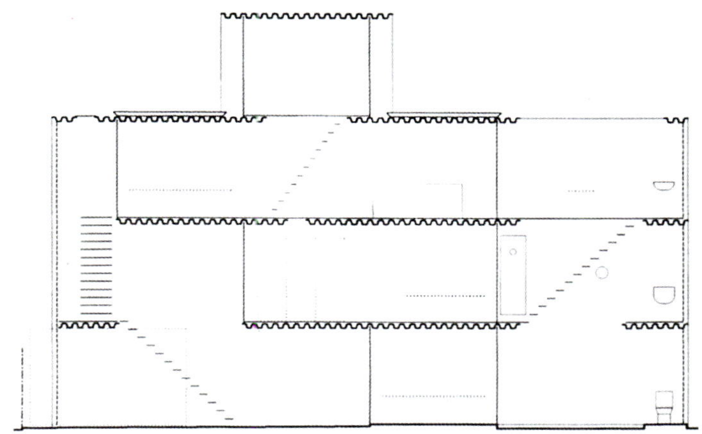

단면도

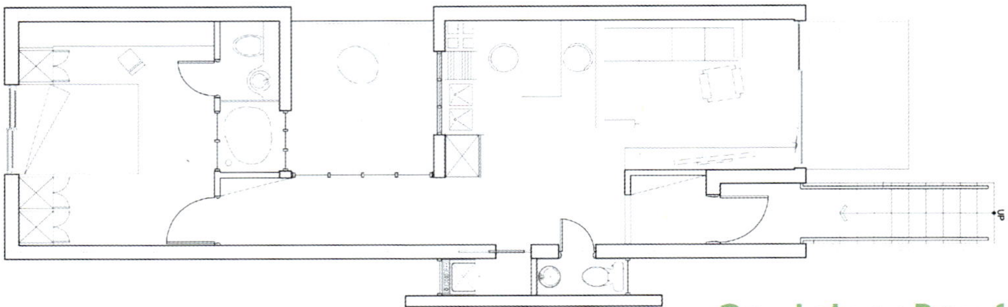

평면도

Container Box for the Young Couple / Seoul, Korea / Ho-Jung Lee / 2006

규모는 약 40㎡ 정도로 부부침실과 주방식당 그리고 거실을 오픈플랜으로 배치하였다. 소형주거의 답답함을 해소하기위해, 평면을 선형(Linear)으로 만들었으며 중간에 중정을 배치하였고, 지면에서 1층 바닥을 들어올려, 그 하부는 주차를 위한 공간으로 만들었다.

좌측전경

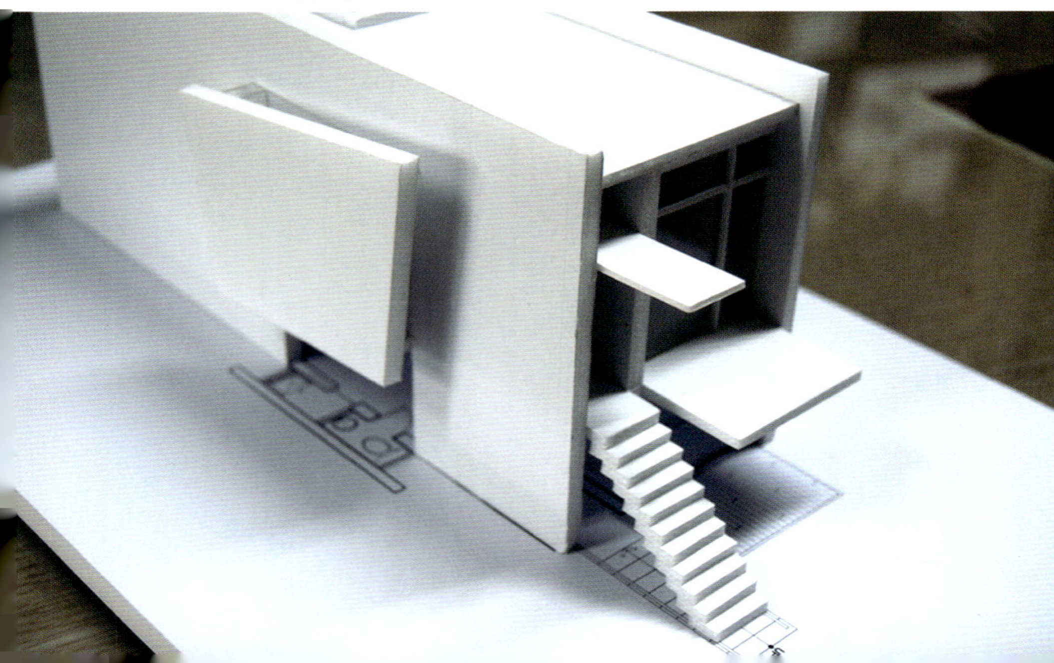

우측전경

전원형미니주택

도시가 산업화되면서 끊임없이 도시로 유입되던 도시민들은 이제 자연으로 돌아가려한다. 도시에서 마음을 닫고 살아오던 도시민들은 자연을 향해 마음을 열려한다. 도시형 미니주택이 내향적이라면 전원형 미니주택은 다분히 외향적이다. 주택은 자연을 향해 열려있으며, 동시에 자연을 어떻게 내부로 끌어들일 것인가가 주요한 주제가 되고 있다. 대자연속에 자리했던 과거 전통적인 저턱과 비교해서 미니주택은 개인의 은신처로서의 성격이 더 강하다. 그러한 미니주택은 주거로서의 성격이외에 건축적 장치로서 나타나는 경우를 더 많이 볼 수 있다.

Single Family House / Campo Vallemaggia, Switzerland / Roberto Briccola / 1998

이 주말주택(48m²)은 한정된 예산을 가지고 약 1개월 내에 공사를 마쳐야 하는 조건으로 지어졌다. 그것은 대지의 경사로 인해 앞쪽 보다 뒤쪽이 더 짧은 콘크리트 기둥이 경사지에 놓인다. 이 주택은 Walsers(스위스, 오스트리아, 이탈리아, 리히텐슈타인의 알프스에 사는 독일어를 사용하는 민족)에 의해 지어진 전통적인 곡물창고건물을 참조한 것이다. 1층에 주방, 식당 그리고 거실이 오픈플랜의 형식으로 배치되며, 2층에는 침실이 배치된다.

그 보수적인 건물의 볼륨은 주위경관으로 삽입되는 형태를 취한다.

외벽은 낙엽송판으로 마감되었다.

1층의 거대한 창은 내부공간을 주변 경관으로 열리게 한다.

평면도

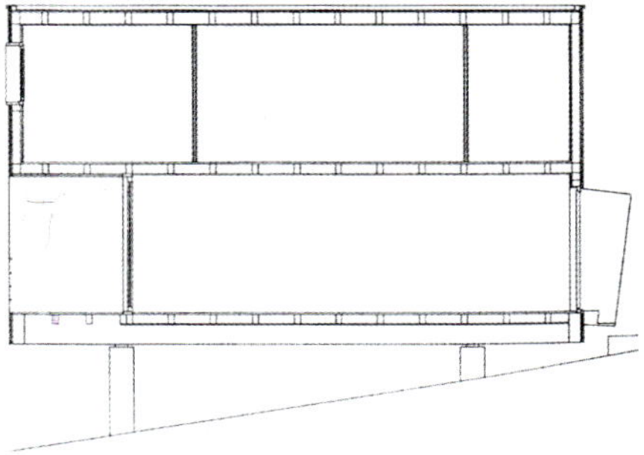

단면도

30

Parana River House / Arroyo Seco, Argentina / Rafael Iglesia / 1999

이 파빌리온 주택(70㎡)은 세계에서 가장 긴 강 중 하나인 Parana의 제방 위에 위치한다. 일반적인 주택과 달리 이 주택은 전망 포인트 혹은 전망대의 역할을 하며, 주택의 하층 슬래브 일부는 공중에 떠 있다. 지붕 끝에서 떨어지는 작은 폭포는 인공구조물로서, 강으로 해석할 수 있다.

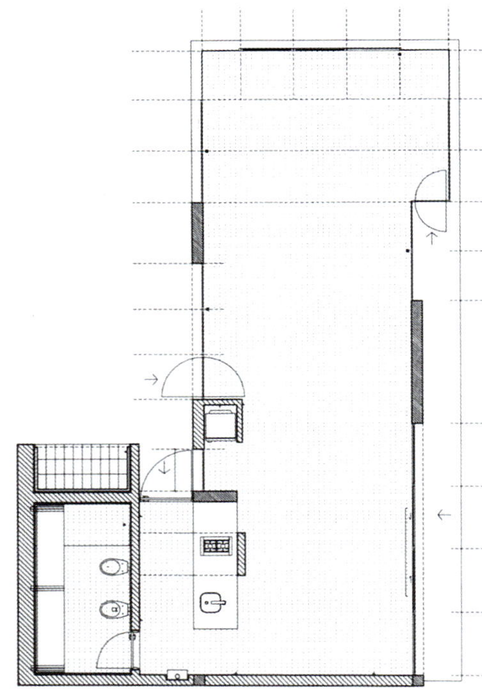

리버하우스 평면도

리버하우스 전경

Summer House / Dyngby, Jylland, Denmark / Claus Hermensen Architects / 1999

Aarhus남쪽 25km 지점의 율란드 해안 근처에 자리한 이 여름 별장은 전통적인 건물의 형태를 재해석하고 있다. 이 주택은 서로에 대해 비스듬한 각도로 놓여진 두개의 박공지붕 건물로 구성되어 있다. 두 개 중 더 큰 건물은 거실과 식당 그리고 다락이 배치되며, 작은 건물은 박공지붕 꼭대기까지 오픈 된 3개의 침실이 배치된다. 현관, 화장실 그리고 욕실은 두 건물사이를 연결하는 평지붕 부분에 배치되고 있다. 주택의 매스와 비례가 다분히 전통적이지만, 주택 외부의 처리는 꽤 흥미롭다. 벽과 지붕을 포함해서 모든 외부 표면은 철판으로 마감된다. 시간이 흐르면 이 주택은 담쟁이 넝쿨로 덮힐 것이다.

건물전체에 철판을 덮은 모습

건물에 담쟁이 넝쿨을 덮었을때의 모습에 대한 컴퓨터렌더링

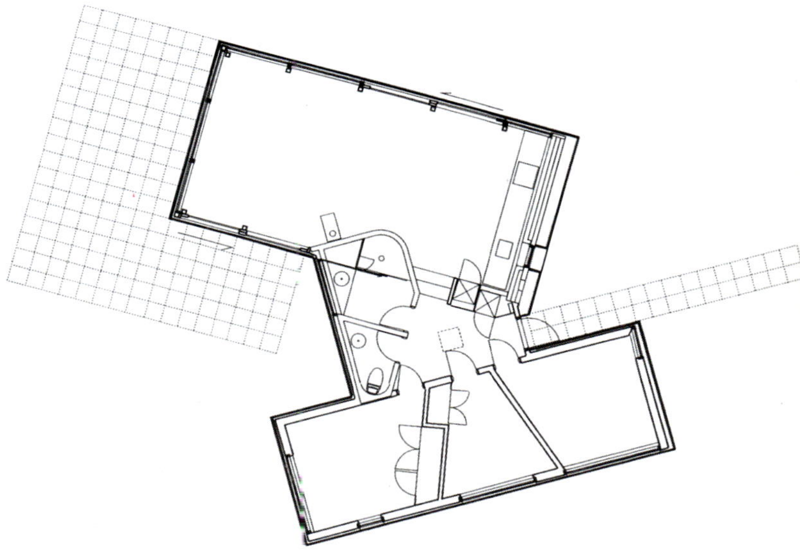
평면도

Muuraiskallio Sauna / Luumaki, Finland / Teemu Tuomi / 2000

핀랜드 루마키 근처 한 섬에 위치하는 이 사우나 건물(73㎡)은 전원 속에 위치한다. 건축가 Teemu Tuomi는 그 섬에서 식생하는 가느다란 소나무로부터 영감을 얻어 설계를 하였다. 줄기의 거칠음은 건물 주변의 이끼가 낀 둥근 돌과 조화를 이루고 있다. 내부는 사우나를 하기 전과 후의 휴식을 위한 조그만 공간이 있다. 바닥에서 천정까지의 단열유리는, 안도 다다오 혹은 존 포슨의 미니멀리스트적인 설계수법과 유사하며, 그것은 주변의 경관을 내부로 끌어들이고 있다.

우측입면 전경

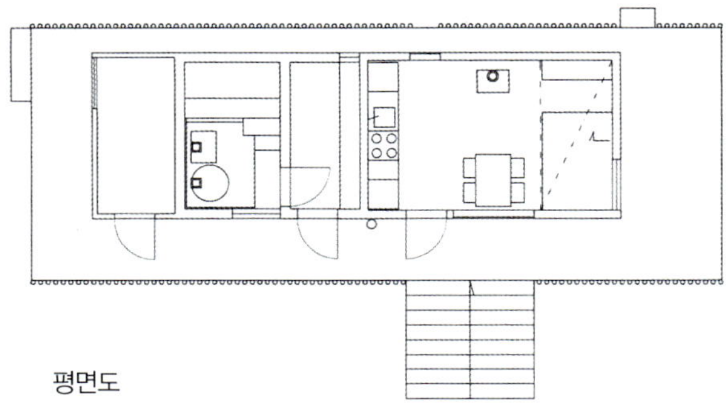

평면도

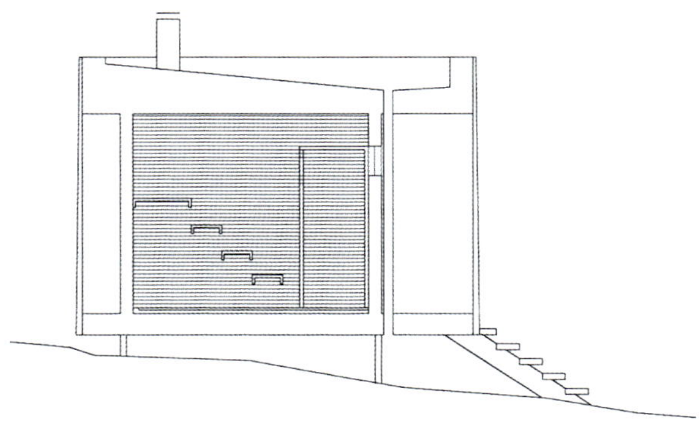

단면도

33

우측전경

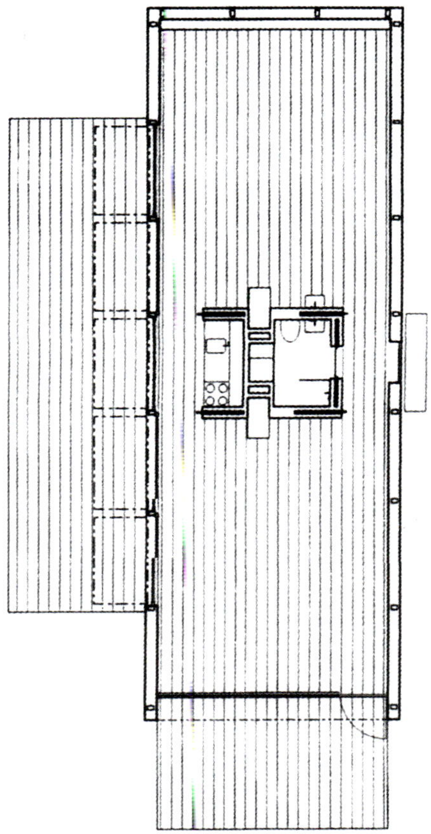

평면도

Private House / Vejby, Denmark / Henning Larsen Tegnestue / 2000

양치류와 새롭게 식재된 자작나무 숲 속, 아름다운 North Zealand 해안에 위치한 이 주택(100㎡)은 단순한 형태를 갖고 있으며, 라르센의 Rosendahl's Printing House와 같은 거대한 산업건물과 그의 주요작품들 보다는 좀 작은 스케일이다. 그의 건축은 일반적으로 과장되고 포스트 모던적이지만, 예술가를 위한 스튜디오와 개인주거인 이 주택은 간단한 목재와 유리박스로 만 구성되어있다.

Garden House / Mukarov, Czech Republic / Ivan Kroupa / 2000

공사기간이 약 일주일 걸린 이 주택(72㎡)은 최소한의 거주해결방법을 제공하고 있다. 이 주택은 목구조를 'ㄷ' 모양으로 접어 주택 주위를 감싼 형태지만, 결코 주위환경과 내부를 분리하지는 않았다. 목재인 외부의 느낌을 '쉘'처럼 보이게 하기위해 철판으로 마감하였으며, 전체적인 구조는 주변의 지형과 폭설에 대응하기위해 콘크리트 기초위에 올려 놓았다. 외관에서, 이 주택은 두 가지 중요한 구성요소를 갖는다. 첫째는 창문 없이 닫혀진 서비스공간이며, 둘째는 뒤쪽의 투명한 유리박스 터널이다.

이 주택의 개념을 알 수 있는 'ㄷ'형 목재쉘

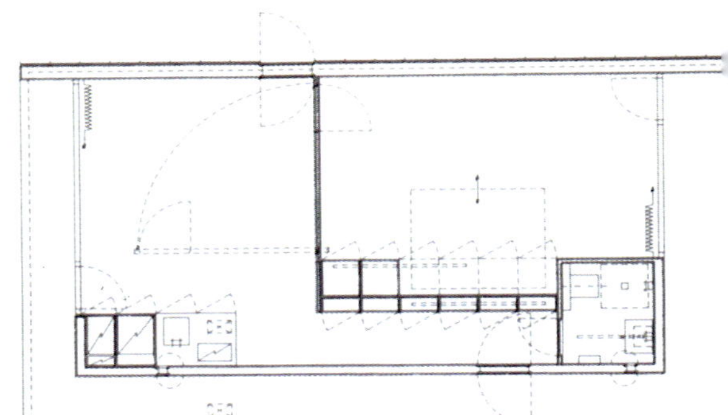

평면도

목재위에 철판을 마감한 파사드

파사드의 형상은 날카로운 미적 균형을 표현하고 있다.

프리캐스트 콘크리트블록의 남서측전경

북측면의 거실 개구부는 자연으로 열려있다.

눈내린 대자연속의 인공적 단일블록

Cube House / Ithaca, U.S.A / Simon Ungers / 2000

콜롱에서 활동하고 있는 독일의 건축가 Simon Ungers는 Mattias Altwicker와 공동으로 주택을 설계했다. 이 주택의 설계개념은 주택이라는 기능적 문제와 조각 사이의 건축적 문맥에 관한 것이다. 이 주택은 '주택의 본질적 요소'를 줄이고 있다. 장식을 가능한 배제하므로 해서, 기본적인 형태의 요소만을 제시하고 있다.

DBL House / Vienna, Austria / PROPELLER Z / 2001~2002

비엔나 서쪽 외곽에 자리한 두 주택 중 하나로 서로 다른 문제를 갖고 있다. DBL 주택의 대지면적은 500㎡이다. DBL 주택의 첫 번째 유닛은 그라운드 레벨에서 들어 올려진, 견고하고 콤팩트한 콘크리트 박스이며, 콘크리트 계단실과 세 개의 강재버팀목으로 만 지지되고 있다. 바로 밑에 위치한 두 번째 유닛은 훨씬 솔리드한 매스와 경량 합판벽의 구조를 하고 있다. 중간의 유리 띠는 두개의 유닛을 나누고 있다.

KDBL하우스 전경

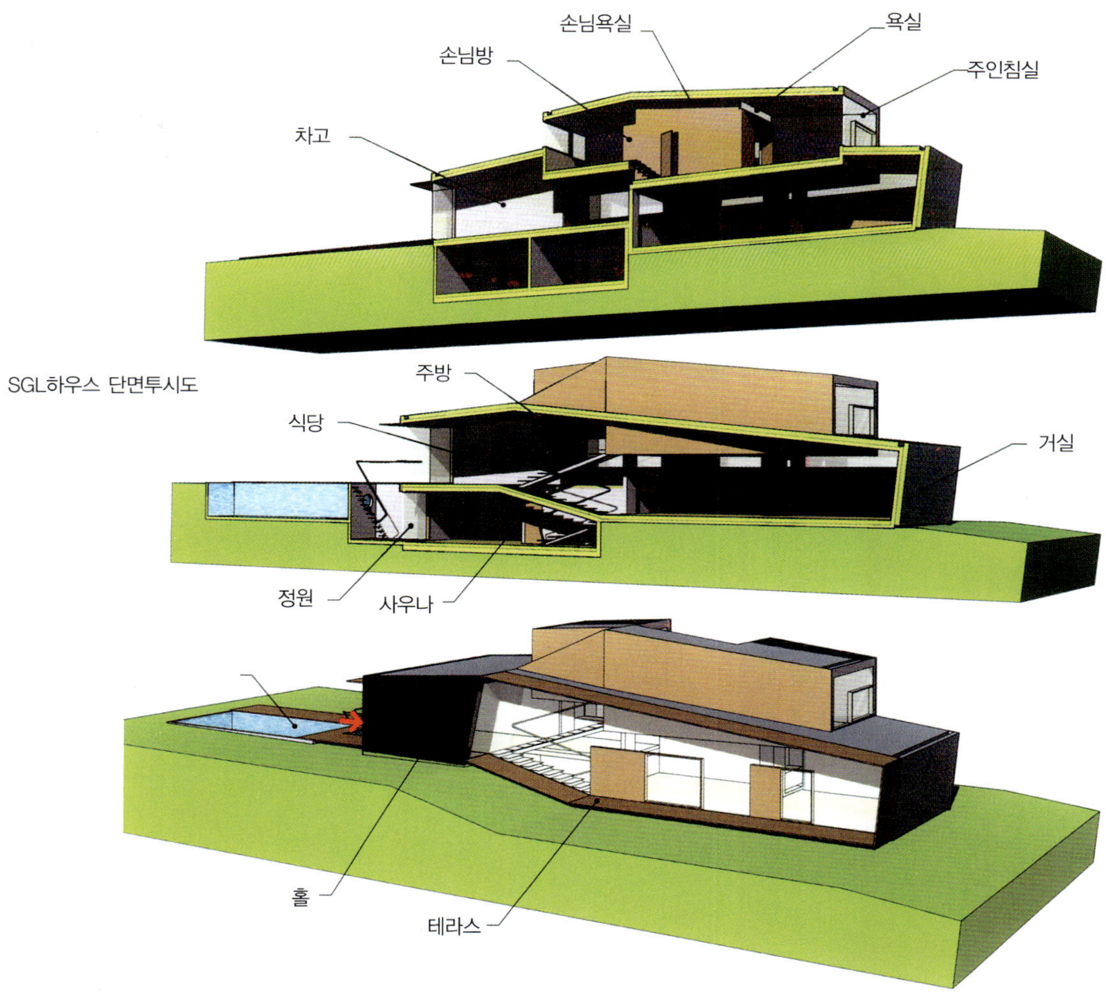

SGL House / Vienna, Austria / PROPELLER Z / 2001~2002

SGL하우스의 대지면적은 1,100㎡ 이다. 경사진 대지 때문에 어프로치는 서로 다르다. 침실은 경사지붕을 지지하기위해 단일 콘크리트 박스로 고안되었다. 두 주택 모두 선박에서 사용하는 나무판과 섬유시멘트 싱글로 감싼 콘크리트 구조가 사용되었다.

Summer House / Hardanger Fjord, Norway / Saunders & Wilhelmse / 2003

데크는 독일 가문비나무로 만들어지며 건물은 재생 신문지로 단열이 된다. 폴딩구조는 냉각압력으로 제작된 자작나무 합판으로 만들어진다. 대지는 아름다운 협만(fjord)중 하나인 Bergen에서 약 70km 떨어진, 노르웨이의 서해안에 위치한다. 이 주택은 드라마틱한 전망을 갖고 있으며 주변 자연의 일부가 되도록 설계 되었다. 길고 얇게 플로팅 되는 외부 바닥은 건물의 두 부분을 연결하고 확장한다. 외부로 펼쳐진 데크는 여름철 외부공간을 적극적으로 확장시키며, 두 건물을 연결시킨다.

섬머하우스 전경
건축가가 이 여름별장에 만들어놓은 전원적인 분위기는 매우 효과적이며, 그 단순하고 우아한 디자인은 분명히 우수한 가치를 갖는다.

섬머하우스 내부에서의 전망
주택 앞으로 펼쳐진 우드데크는 외부공간을 유용하게 하고 있으며, 주변의 경치를 한층 즐길 수 있게 한다.

Waterfront house / Haenam, Korea / Ho-Jung Lee / 2006

1층평면도

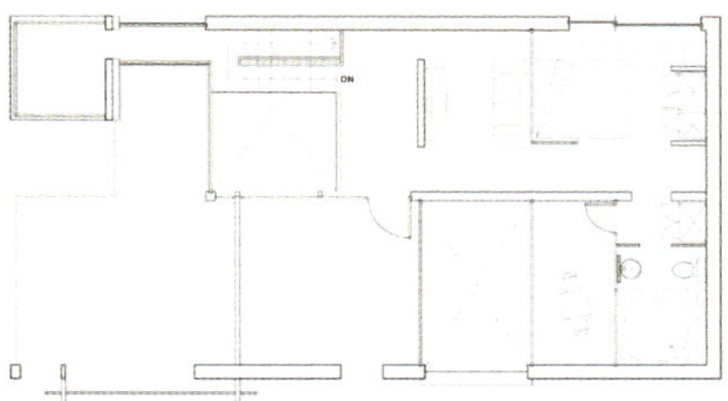

2층평면도

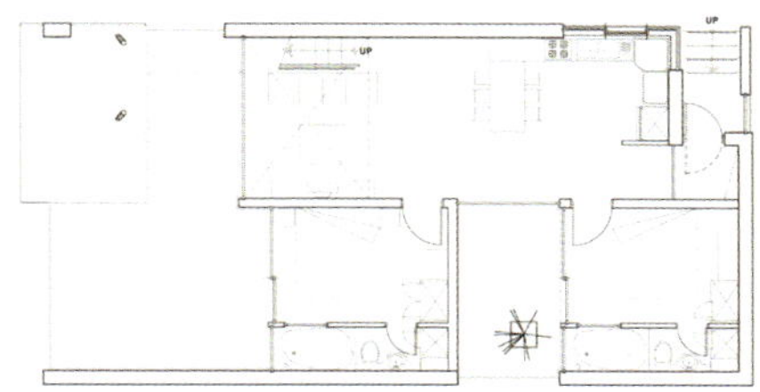

전라남도 해남의 땅끝마을에 위치한 펜션형 별장이다. 규모는 115㎡로, 바다를 향해서 주방, 식당, 거실 그리고 2개의 침실이 있으며 후면 측의 침실 앞에는 중정이 있다. 2층에는 주 침실이 위치하며 침실과 욕실은 바다를 향해 열려있다.

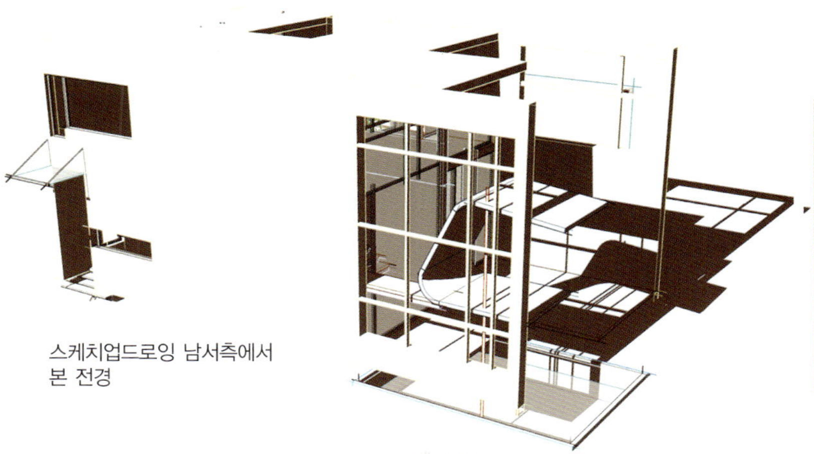

스케치업드로잉 남서측에서 본 전경

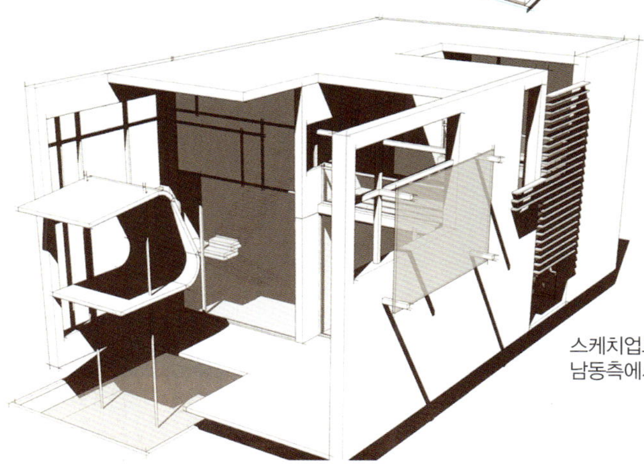

스케치업드로잉 남동측에서 본 전경

Mobile House
2. 이동 주택

●주거의 이동성 ●이동 주택의 역사 ●컨테이너 하우스 ●이동식 주택 자동차

주거의 이동성

기술 발전과 다변화에 대한 사회적인 요구가 확대되면서 건축분야에서도 변화의 대응과 용도의 융통성에 대한 해결책으로 이동가능 건축에 대한 관심이 고조되고 있다. 이러한 유형의 건축은 과거에는 원시주거, 현대에는 여행용 트레일러(캐러밴) 산업에서 그 기원을 찾을 수 있고, 제2차 세계대전을 계기로 급격히 증가한 방위산업체 근로자들의 숙소로 사용되면서 급속하게 증가하였다. 전쟁이 끝나고 주택부족 현상이 심각하게 대두되면서 이러한 트레일러를 영구적인 주택으로 만들려는 요구가 나타났고, 이러한 요구에 대응하여 개발된 것이 현재 이동형 주거하고 불리는 것으로 거주의 기능과 이동의 기능을 적절히 조합한 것이다. 또한 레저문화가 발달되면서 슬리핑 카로써 발전하게 되었다.

현대에 와서 이동가능 건물은 다른 의미로 해석되어, 자동차 산업에서의 대량생산 개념이 주택산업에 그대로 도입되면서 패널이나 부품을 근간으로 하는 시스템들이 처음으로 도입되었다. 이후에 모듈러(Modular)나 실 단위의 형태로 발전하여 주택의 공장생산에 관한 기본적인 개념이 확립되었다. 따라서 공장에서 생산된 모듈을 현장에서 조립하여 완성하는 모듈러 건축으로 나타났다. 즉, 공장에서 생산하여 트럭으로 이동하고 현장에서 조립하여 완성하고, 필요에 따라 일부 모듈을 분해하여 다른 장소에서 다시 조립할 수도 있는 궁극적으로 이동가능 건물을 완성해 가고 있다.

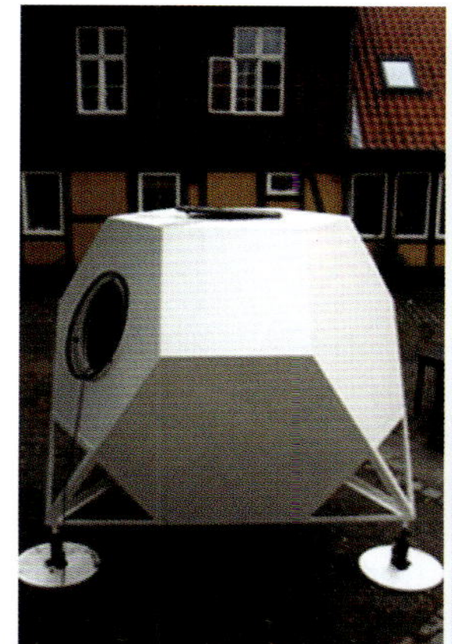

이동 주택의 역사

HISTORY

11

이동주택은 각 개인이 집과 심지어는 사무실까지도 원하는 위치면 어디든지 갖고 다님으로써, 개인의 삶을 유동적으로 할 수 있는 개념이다. 오늘날의 노마드(nomad)는 그들의 가방을 싸가지고 다닐 필요가 없다. 개인의 집은 그 사람의 사무용 가방이 된다. 그리하여 이동 주거 유닛을 어디로 가지고 가든지 그는 항상 집에 있는 것처럼 느낄 것이다. 이동 중에 있는 삶의 가장 매력적인 면은 자유, 탈출, 모험의 감각뿐만 아니라 여행객들의 임시적 커뮤니티를 형성하기 위해 그 자신의 건물로 이동하는 순간일 것이다. 또는 새로운 공공장소와 사회적 그룹을 만들기 위해 동그랗게 모여드는 순간들이다. 따라서 현대 도시의 유목생활 방식은 이동 주택의 필요성을 강화시키고 있다.

선사시대의 동굴

부시맨의 초막

단순한 수렵채집 경제에 생계를 의존하는 유랑 무리들의 주거로서 단순한 은신처, 야영지이며 주변에서 손쉽게 구할 수 있는 건축 재료만 가지고 주거지를 완성시켰다. 은신처는 벽, 창이 없고 문짝이 없는 출입구로 이루어져 있으며, 그 높이가 낮고 용도에 구분 없는 하나의 공간으로 구성되었다.

선사시대의 텐트

일시주거 : 단순 수렵 채집

에스키모의 이글루

선사시대

발달된 수렵 채집 기술을 가진 유랑 무리들의 주거 목적으로 진행되는 중간단계이자 초보적인 농경단계의 주거 형태로 일시적 은신처와 비교할 때 주거의 내부면적이 넓게 내부높이 형태가 다양한 돔이나 원뿔모양의 상부 덮개를 갖는 특징이 있다.

인디언의 텐트

간헐주거 : 발달된 수렵 채집

짐승의 힘을 이용한 이동

몽골족, 키르기스족의 게르(유르트)와 같은 목축경제를 영위하는 유목 부족사회의 전향적인 이동주거에서 볼 수 있으며, 아이르 투아레그족의 천막집, 베두인족의 흑색 천막집에서 그 유래를 찾을 수 있다. 이와 같이 도시가 형성되기 전의 주거형식은 일반적으로 기능적이고 개인적이고 일시적이다.

원뿔 및 돔 모양으로 구성된 유목 부족사회의 주거

트레일러(Caravan) 주거의 시작으로 볼 수 있는 마차 및 마차의 형식을 이용한 이동형 간이주거

선상 가옥

동력, 기계의 힘을 이용한 이동

Walking City, New York, Archigram, 1964

동력, 기계의 힘을 이용한 이동주택은 2차 세계대전 이후 건축 디자인에서 실험적으로 나타나게 되었으며, 현재는 해체와 이동이 가능한 건축물로 구현, 적용되고 있다.

자동차의 발달

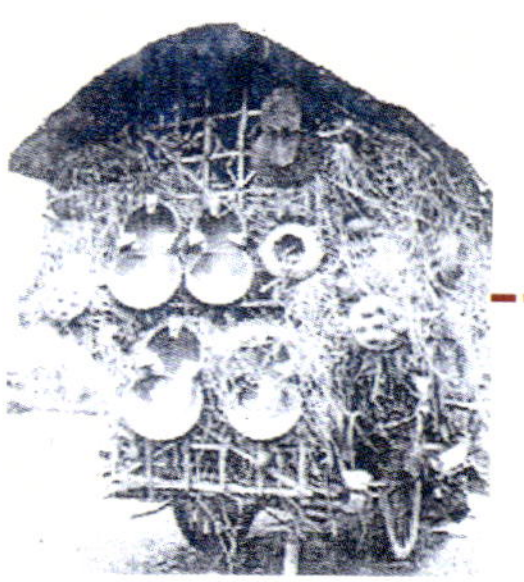

Travelers' Dream, 1932

Seminole_Trailer, 1934

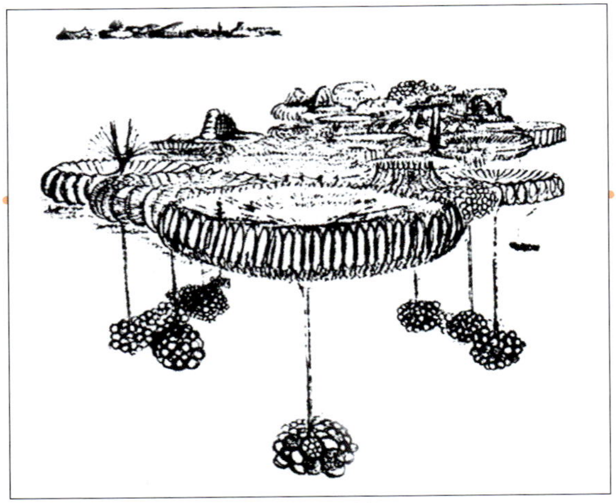

Organic City, William Katavolos, 1961

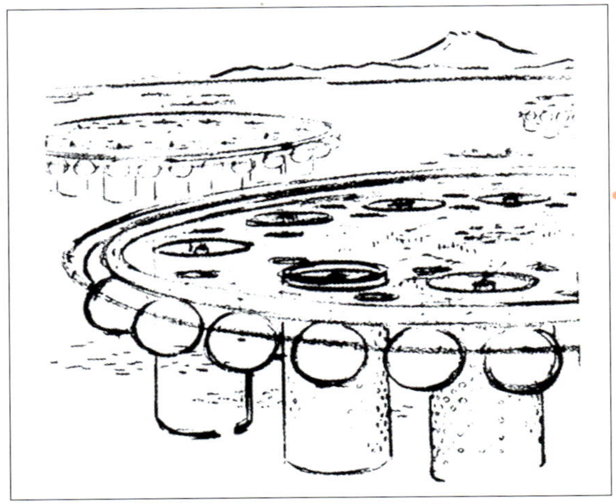

Marine City Project, Kikutake Kiyonori, 1958

Dyodon, Jean Paul Jungmann, 1967

일부의 건축가는 건축물만 아니라 이동 도시를 계획하였다. 일본의 건축가 기쿠다케 기요노리는 콘크리트를 이용한 해상도시를 계획하였으며, 윌리암 커터보로스는 플라스틱을 이용하여 뜨는 도시를 계획하였다.

Vagabond, 1960

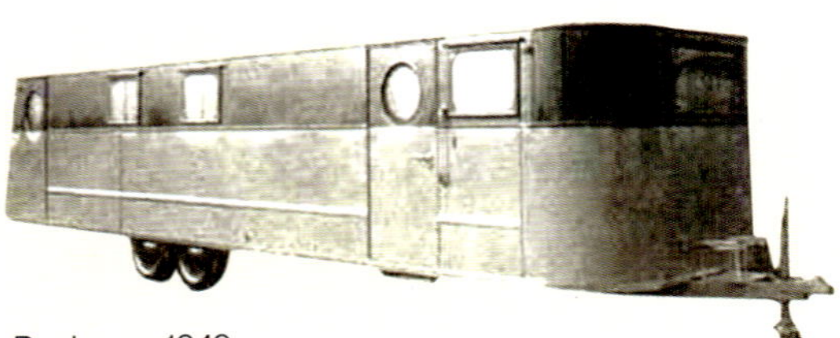

Buckeye, 1949

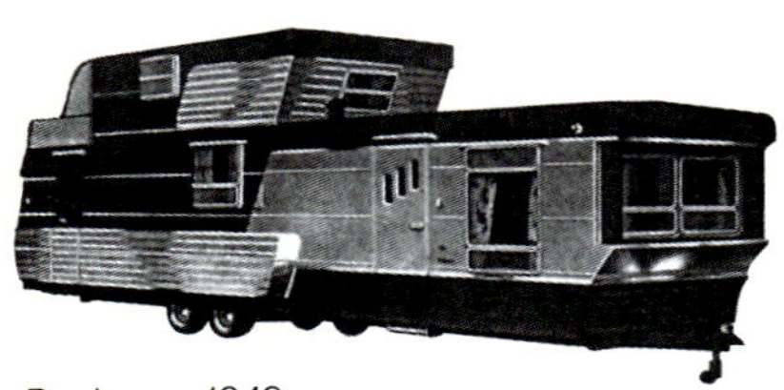

Buckeye, 1949

Vagabond, 1957

실험적 의미의 이동 주택

Instant City, Prada Poole

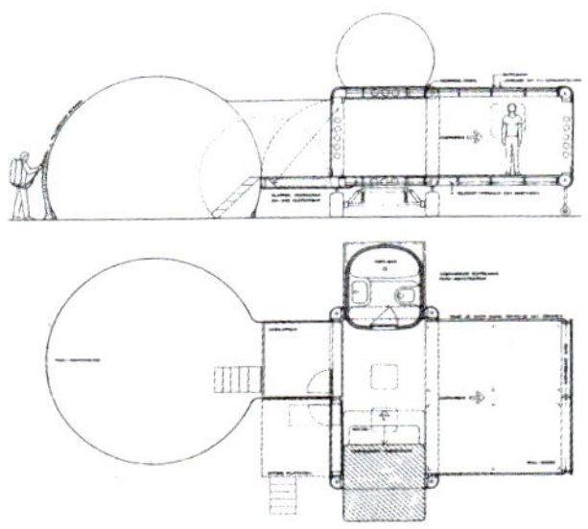

Mobilhaus, Manfred Schiedhelm

Caravan Tex, mmw, 2001

ECOVILEE, Jennifer Siegal, 1998

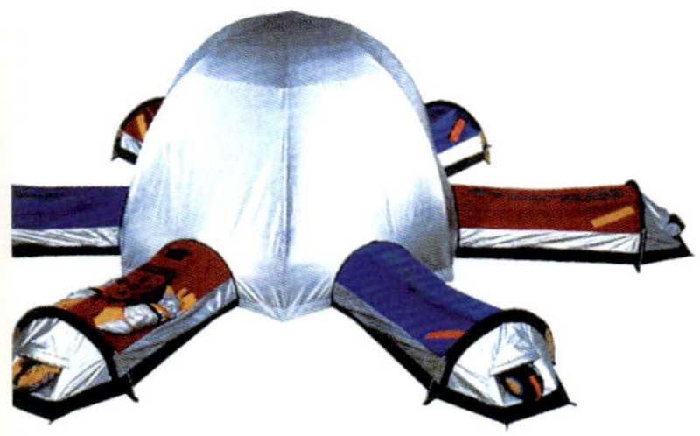

Lift Nexus Village & Wear, Studio Orta, 1992

Markies, Eduard Bohtlink, 1995

MDU_lot, ek, 1999

Loft Cube, Werner Aisslinger, 2003

Instant Home,Valeska Peschke, 2005

Mobile ECO LAB, Jennifer Siegal, 1998

Micro Dwelling, Arts Catalyst & Danish Arts Agency, 2005

현재 유명 자동차 제조사들은 다양한 편의 시설을 갖춘 미래형 이동식 주택 자동차 모델을 보여주고 있다. 단순한 엔진의 형태가 아닌 '디젤-전기 하이브리드' 시스템을 장착하면서 편안한 승차감, 다양한 편의 시설을 갖춘 다양한 모델이 나타나고 있다.

GMC PAD, GMC, 2006

트레일러, 버스를 이용한 Caravan

Masion Valise, Gregoire & Petetin, 1996~2000

Cavantex, mmw, 2001

MTI–Mobile Tourist Interface, Urban Environments, 2004

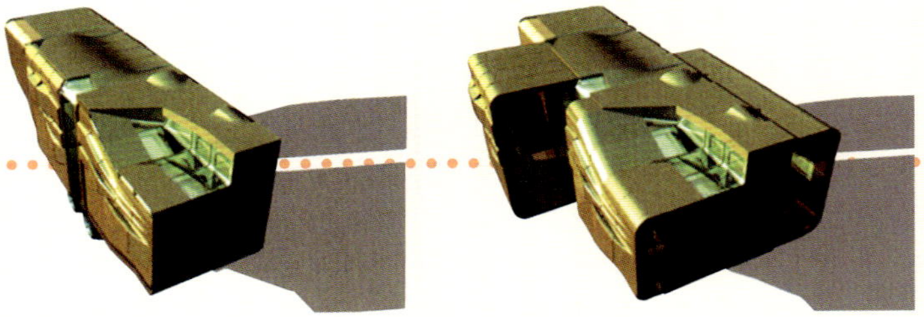

Rhino, TSA Architects, 2005

영화 'Star Wars'

영화 'Independence Day'

영화 '하울의 움직이는 성'

영화 '천공의 성 라퓨타'

컨테이너 하우스

컨테이너 하우스(Container House)는 물류 수송으로 사용되고 있는 컨테이너를 이용하여 주거 혹은 다양한 용도의 건축으로 사용되는 형태을 의미한다. 이러한 컨테이너 하우스의 장점은 장소만 제공되면 설치 및 시공이 바로 수행되어 이용될 수 있다는 점이다. 일반적으로 사무실 용도라면 2.4m×6m 크기의 컨테이너가 사용되며, 필요한 공간의 크기에 따라서 기본 모듈을 수평으로, 또는 수직으로 조합하여 공간을 구성할 수 있다. 물론 필요에 따라서는 문이나 창문을 둘 수 있다.

이미 제작이 완료된 형태를 이동하여 놓음으로써 공사현장, 재해지역의 임시 주거로서 다양한 형태로 활용되고 있다. 이러한 컨테이너 하우스의 최대 단점으로 단열의 문제점이 대두되고 있으나. 다양한 단열 재료와 차양막의 설치로 응용분야가 더욱 넓어질 것이다.

컨테이너 하우스(Container House)는 표준화된 크기의 제작을 통해 생산이 가능하며, 수평적, 수직적 연결을 통해 필요한 공간을 구성할 수 있다.

크기조절이 가능한 컨테이너 하우스

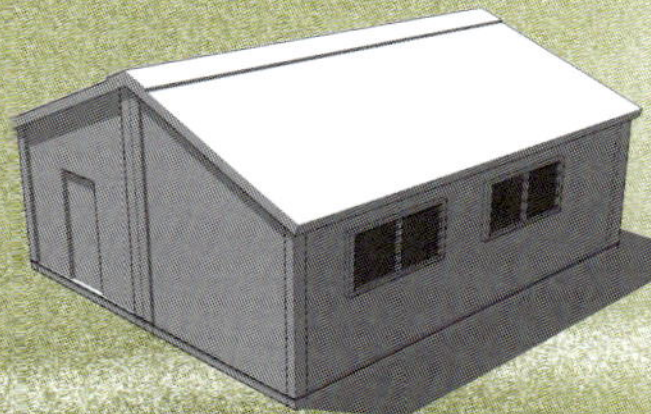

절첩식 연동 컨테이너 하우스

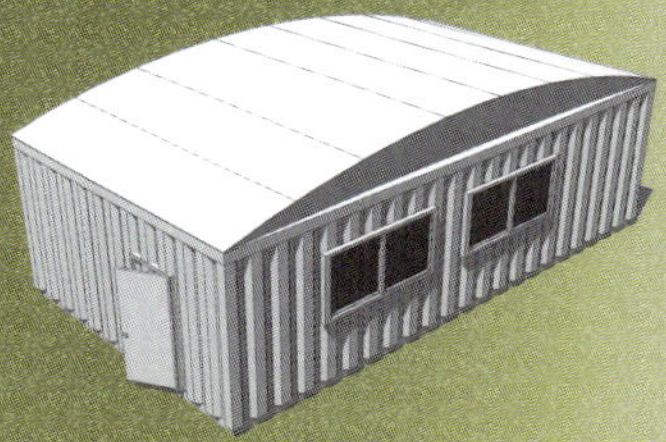

반원형 컨테이너 하우스

컨테이너 하우스는 종래에 물건을 적재, 보관하던 컨테이너를 이용하여 간이 주거용이나 사무용, 그리고 건설 현장과 같이 이동이 빈번한 곳에서는 사용되는 이동 주택을 의미한다. 그러나 이와 같은 컨테이너 하우스는 상부판이 평면으로 이루어짐과 동시에 컨테이너 박스의 특성상 요철로 이루어져 있어 우천시나 눈이 내렸을 시에는 빗물이나 눈이 요철부분에 정체가 되어 컨테이너 하우스의 상판을 녹슬게 하였다. 그럼에도 불구하고 컨테이너의 최고의 장점은 장소만 제공되면 어디든지 바로 설치가 된다는 점과 개구부의 크기와 위치를 마음대로 구성할 수 있다. 그리고 필요에 따라서는 다양한 인테리어를 통해 그 가치를 높일 수도 있어 그 활용이 계속되고 있다. 더불어 과거의 문제점을 해결하기 위한 다양한 건축재료의 개발을 통해 단열의 문제나 설비 문제가 점차 해결되고 있는 바, 다양한 용도로서의 활용이 늘어날 것으로 기대된다.

이동식 주택 자동차

캐러밴은 부엌과 화장실, 침실 등을 자동차와 합친 개념의 이동주택이다. 어디든 마음에 드는 장소에 주차하면 그곳이 집이 된다. 이동의 자유와 집이 주는 편안함이 절묘하게 결합된 형태로 이해될 수 있다. 캐러밴은 자체 동력으로 이동이 가능한 '모터캐러밴'과 자동차 뒤에 연결해서 움직이는 '트레일러' 2종류로 구분될 수 있다. 대부분의 캐러밴은 제한된 실내공간을 이용하여 최대한 수용될 수 있는 다양한 편의 시설과 더불어 다목적 공간으로 사용될 수 있는 최소 주거 형태를 취하고 있다. 최근의 캐러밴은 다양한 요구와 생활패턴의 변화로 인해 그 중요성이 더해지고 있다.

1934_Federal_Mobile_Home

1934_Seminole_Trailer

1936 Super_Deluxe

1939 Romany

1946 Kozy_Coach

Pao(包) / Japan / Toyo Ito / 1985~1986

도요 이토의 파오는 현대를 살고 있는 우리들에게 주택의 의미를 다시 한 번 생각하게 한다. 파오의 정의는 몽골 유목민이 사용한 주거 형태에서 유래한 것으로 우리 몸을 덮을 수 있는 표피 형태의 구조이다. 이 파오는 동경시내 아파트에서 살고 있는 젊은 여성의 생활패턴을 연구하는 과정에서 시작되었다. 식당에서 잡지를 보거나 체육관에서 운동을 하며, 정원을 거니는 행위로 인해 이들의 생활은 도시로 확장된다.

이 파오 텐트는 표준 프레임으로 구성되며 파오에 맞게 디자인된 다목적 가구들이 설치된다.

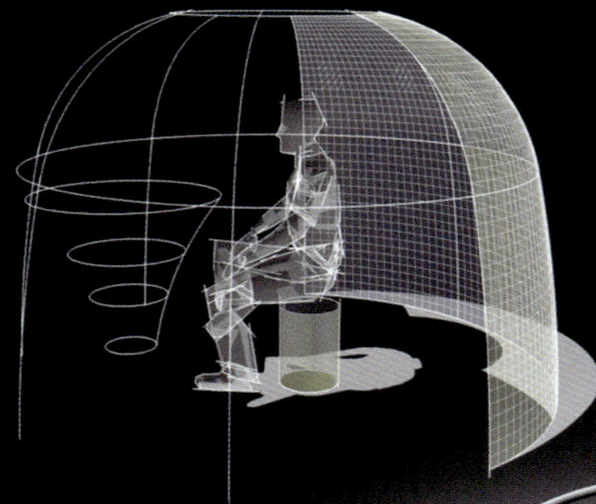

A to Z Escape Vehicles / U.S.A. / Andrea Zittel / 1996

스테인리스 스틸을 이용하여 제작된 이 프로젝트는 비록 외관은 동일하지만 내부 인테리어는 개개인의 기호(필요에 따라 책상이나 편안한 소파)에 맞게 제작될 수 있다.

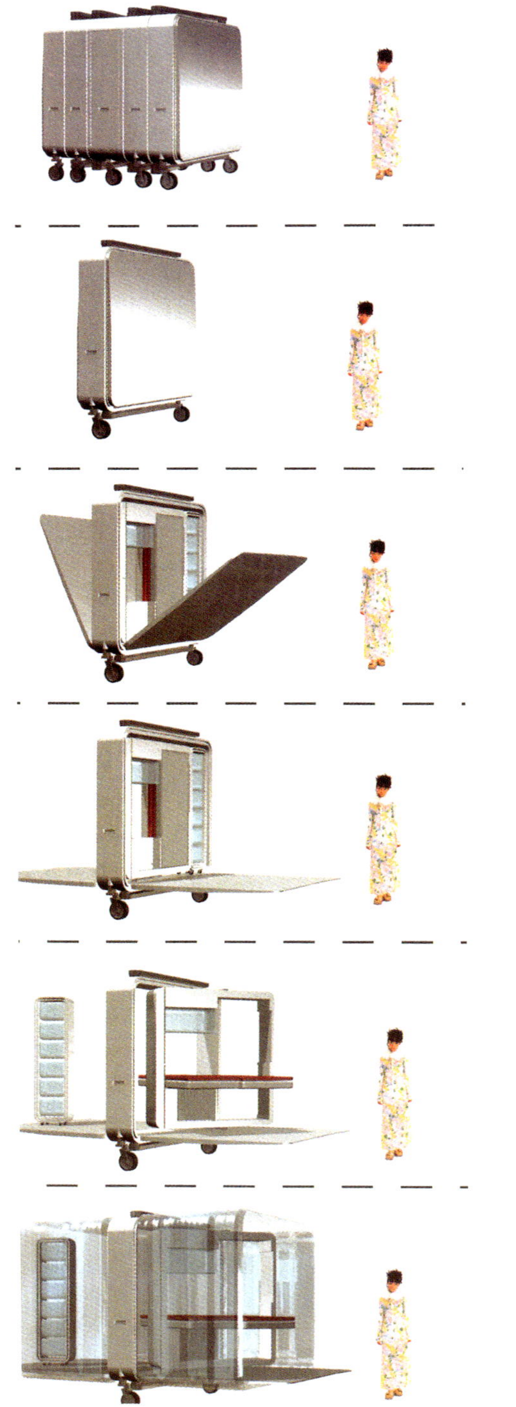

Maison Valise / Berlin / Gregoire & Petetin / 1996~2000

Maison Valise는 일종의 캠핑카의 형태로 제작되었으며, 이동성을 확보하면서 거주할 수 있도록 디자인되었다. 단순히 이동주택의 형태만 보여주는 것이 아니라 도시에서의 다양한 삶의 방식을 제안하면서, 도시계획에 대한 다양한 아이디어를 제공하고 있다.

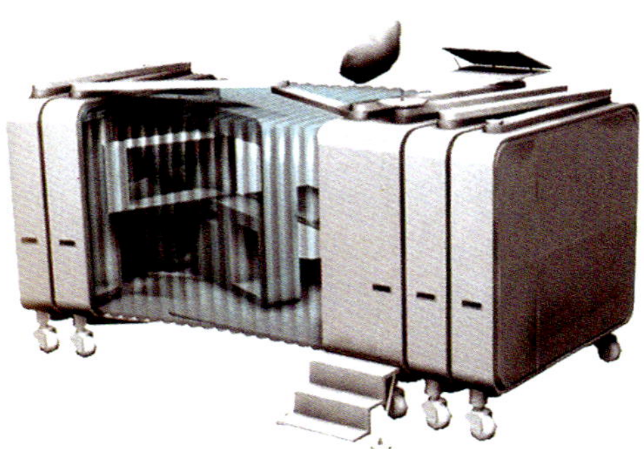

Mobile ECO LAB / U.S.A. / Jennifer Siegal / 1998

ECO LAB은 우드벨리 대학교와 할리우드 장식팀의 협력을 통해 제작된 이동주택이다. 이 실험적인 주택의 형태는 자연환경의 중대성을 알리려는 목적으로 마치 서커스의 텐트와 같은 이동성의 특징을 가진 건축물이다. 또한 트레일러와 같이 움직이는 동력을 포함하고 있으며, 13m × 2m의 크기로 컴팩트하면서도 최소한의 공간으로 설계되어 있다. 이러한 ECO LAB은 단순한 대형 운반차와는 달리 수송의 용도뿐만이 아니라 주거, 휴양 및 다양한 용도로 활용될 수 있도록 설계되어 있다.

U-Town / U.S.A / Steven Brower / 1998

스티븐 브라우어에 의해 제안된 U-Town은 벅민스터 풀러의 디자인에 기초한다. U-Town은 트레일러를 이용한 주거문화 형태로 세개의 바퀴를 가진 SUV 자동차를 이용한 지오데식 돔 형태의 주거이다.

이동주택 Mobile House

Fred / Austria / Oskar Leo + Johannes Kaufmann / 2001

이 작품은 트럭을 이용하여 이동되어지며, 신속하고 간단하게 조립된다. 원하는 위치에 놓여지고 나면, 사용자들은 Fred의 내장된 여러 장치를 통해 모빌 홈 파크에 이미 설치된 전기 및 수도와 연결되어 사용된다.

Cavantex / Norway / mmw / 2001

이 프로젝트는 첨단의 하이테크 기술을 응용하여 어떠한 지형이나 지역에서도 사용될 수 있도록 디자인된 이동 주택이다. 이 주택은 옥외에서 조립이나 해체가 용이할 뿐만 아니라, 가변형으로 구성되어 있어 사용자가 원하는 어떠한 주거 형태로도 구성될 수 있다. 더불어 상부의 구조물은 개인적 쉼터 공간으로 이용될 수 있다.

TurnOn / Austria / Alles Wird Gut / 2002

Alles Wird Gut의 TurnOn 유닛은 이동이 잦은 도시인의 거주 생활을 쉽게 할 수 있도록 계획되었다. 회전하는 일련의 모듈들은 거대한 햄스터 수레바퀴와 같이 모든 생활방식을 수용할 수 있도록 디자인 되었으며, 벽, 바닥, 천청은 구분이 없도록 계획되었다. 단지 하나의 변환 가능한 공간이 있는데, 이것은 소파가 천청이 되거나 식탁이 벽이 될 수 있도록 구성되었다.

이 유닛은 집에서 많은 시간을 보내지 않고, 주로 외부에서 생활하는 젊은 도시인들을 위한 것이다. 또한 제한된 공간 내에서 충분히 운동하고 변화하는 풍경을 즐길 수 있는 계획안이다.

Les Anthenea / U.S.A. / Jean Michel Ducanelle / 2002

우주선과 같은 원반 접시 모양의 이 주택은 전체 구조의 절반정도가 바다 속에 잠겨 있어 수면 위와 아래에서 펼쳐지는 멋진 모습을 쉽게 즐길 수 있다. 특히 구조체 하단에 위치하고 있는 커다란 창을 통해서 바다 속의 멋진 모습을 감상할 수 있다.

Loftcube / Berlin / Werner Aisslinger / 2003

로프트큐브(Loftcube)는 컨테이너형 조립식 건물로 옥상에 올려 놓은 가건물의 컨테이너 형태의 건축물이다. 그러나 이전에 익히 보아왔던 컨테이너 건축물과는 달리 소재, 색상 그리고 마감 등의 완성도를 높여 마치 호텔에 와있는 듯한 착각을 불러일으키게 한다.

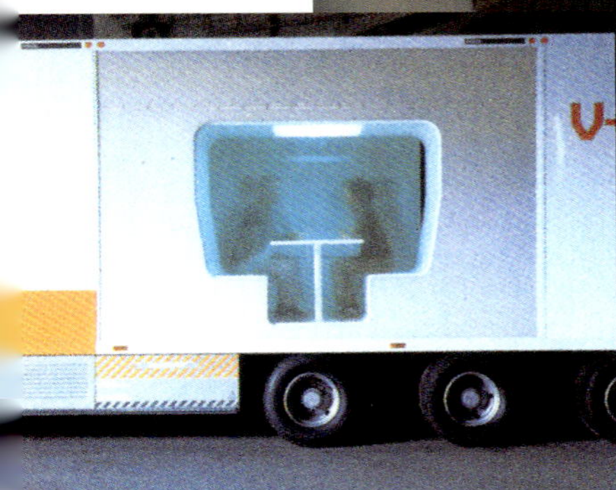

sVoyager / Portugal / Miguel Vieira, 2003

13m × 2m 크기의 Voyager 프로젝트는 컨테이너 구조를 이용한 이동식 전시시설이다. 컴팩트한 형태의 공간 내에서 여러 디자이너들은 다양한 환경과 시설을 통해 새로운 전시방법을 제안하게 된다.

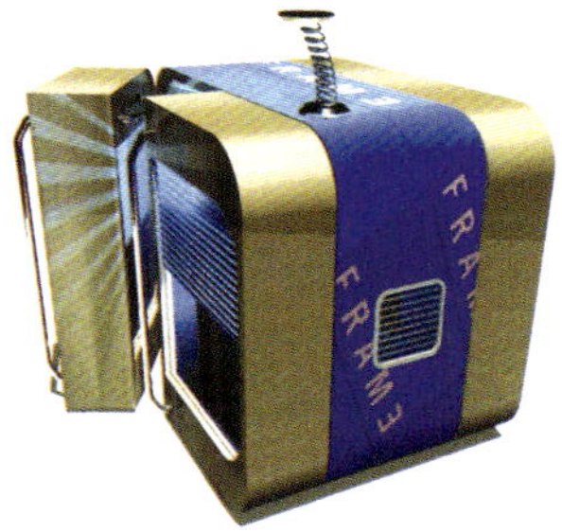

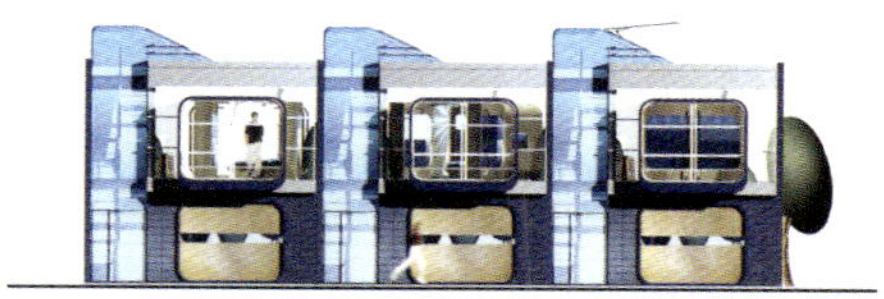

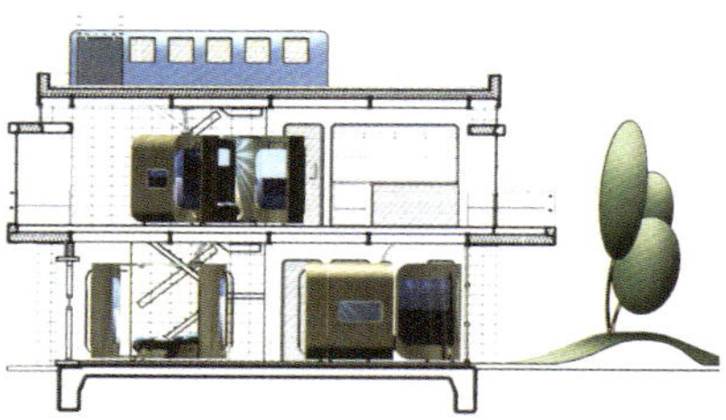

Shuffle POD / UK / Piercy Conner / 2004

이 프로젝트는 전통적인 주거의 개념을 탈피하여, 각각의 거주자가 원하는 편안한 생활공간을 제공한다. 접혀있는 구조체는 펼쳐짐으로써 공간을 확장하고, 책상과 의자는 물론 침실, 작업실 등의 공간이 구성된다.

MTI–Mobile Tourist Interface / U.S.A. / Urban Environments / 2004

이 프로젝트는 여행자들을 위한 하이테크 주택이다. 매우 가벼운 재질로 구성되었으며, 접혀있는 구조물을 펼침으로써 필요한 공간을 구성할 수 있다. 관광객이 머무르고 싶은 곳에 있다면 어느 곳이든 바로 설치됨으로서 필요한 주거 공간을 제공한다.

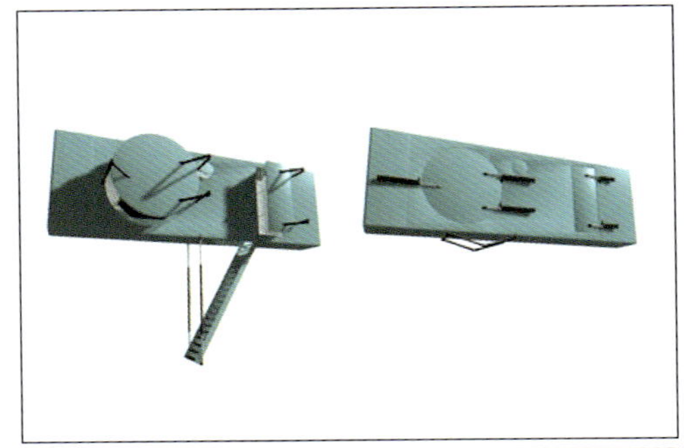

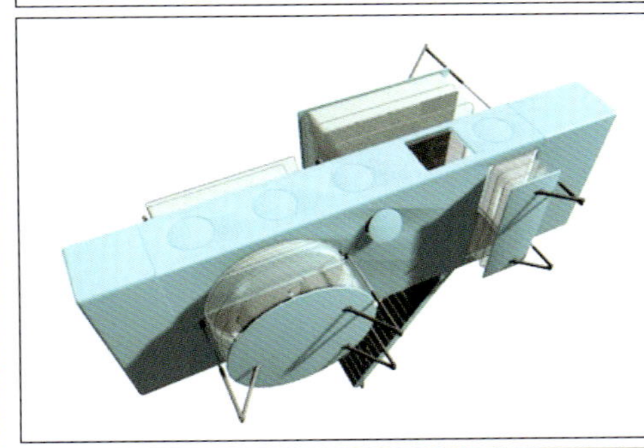

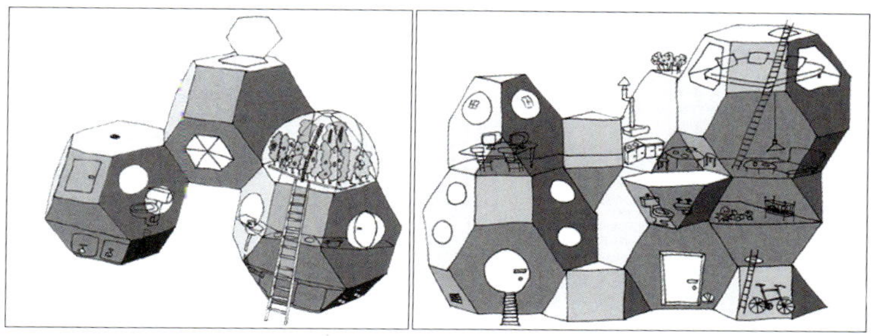

Micro Dwellings / Norway / Arts Catalyst & Danish Arts Agency / 2005

달 착륙선 모양의 이 프로젝트는 주택난으로 심각한 런던 등에서 사용될 수 있도록 초소형 이동 주택으로 개발되어, 실제로 상용화 될 예정이다. 이 주택은 독신용과 가족용으로 구분할 수 있는데, 독신용은 하나의 모듈만으로도 충분한 공간이 되도록 설계되어 있다. 내부는 침대와 테이블을 겸용할 수 있도록 설계되어 있으며, 특별히 샤워실을 별도로 설계하여 주거생활에 지장이 없도록 구성되어 있다. 가족수가 많을 경우 유닛을 덧붙여서 사용할 수도 있다. 땅위 뿐 아니라 물 위에서도 설치가 가능하며, 육해 양면에서도 거주가 용이하고 차량의 트레일러에 실을 수도 있어 여행시 이동 주택의 역할도 할 수 있다.

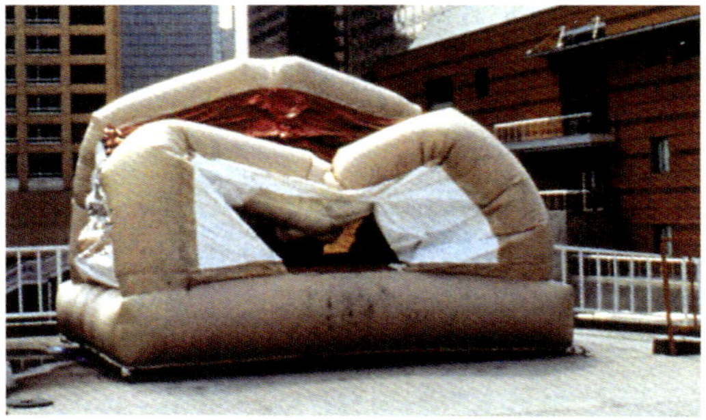

Instant Home / U.S.A. / Valeska Peschke / 2005

이 프로젝트는 공기를 불어넣어 팽창시킴으로써 짧은 시간 내에 구조물을 제작할 수 있다. 또한 주거지로서 적당하지 않은 지역에서도 간단한 방법으로 구조물을 제작, 설치시킬 수 있다.

Combination Container / Korea / Lee, H.J. / 2006

이 프로젝트는 현재 많이 보급되고 있으며 그 활용 가치를 높이고 있는 컨테이너 하우스의 조합방식을 단순한 쌓기, 연결하기에서 벗어나 다양한 조합방식을 모색한다. 하나의 세대 구성을 여러개의 컨테이너로 연결함으로써 새로운 주거의 공간을 구성할 수 있으며, 내부 인테리어를 고급화함으로써 그 실용가치를 높일 수 있다.

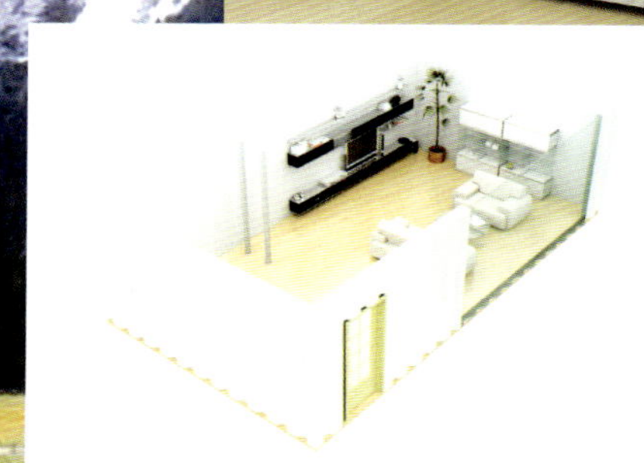

Systems House (Industrialized House)

3.시스템 주택

- 시스템 주택
- 시스템 주택 발전과정
- 시스템 주택의 분류
- 시스템 주택의 모듈설계
- 주택성능평가제도
- 개방형 주택 시스템

시스템 주택

주택건축에 있어서 공업화는 건축생산의 합리화를 통한 생산성의 향상을 목적으로 하고 있다.

따라서 건축물의 품질향상, 대량생산 체계확립, 공기단축, 공사비 절감, 비숙련 기능공의 참여확대, 부재/부품의 호환성 확보, 신공법 개발유도 및 공업화 건축설계의 기술향상 등의 효과를 기대할 수 있다.

수요예측, 설계, 제품의 생산, 수송, 건설 등을 일체화하여 최선의 방법과 기술을 이용한 공업적 조직을 통하여 완성하는 주택건축을 시스템 주택(Systems House) 또는 공업화주택(Industrialized House)이라고 한다.

생산과 건설의 한정된 범위에서 볼 때 조립식 주택 또는 프리패브 건물(Prefabricated Building)이라고도 부른다.

UN 유럽경제위원회의 공업화 건축개념

(Government Policies & the Cost of Building, 1959, NU ECE)

· 생산물의 표준화(Standardization)

· 생산의 연속성과 수요의 지속성(Continuity)

· 생산과정의 제단계의 통합(Integration)

· 공사의 고도의 조직화(Organization)

· 인력작업을 가능한한 기계화(Mechanization)

· 생산활동과 일체로 된 조직적인 연구개발(Research & Development)

시스템 주택 발전과정

역사적으로 볼 때 프리패브 부재의 개념은 17세기 영국에서 신대륙인 미국으로 가는 이민를 위한 간이 주택의 조립식 부재로 시작 되었으며, 그 이후 미국의 목조뼈대 시스템은 현재까지 벌룬 프레임(balloon frame), 플랫폼 프레임(platform frame)으로 불리우고 있다. 산업혁명 이후 주철, 강철, 콘크리트, 유리와 같은 새로운 건설재료의 출현은 건축의 공업화에 있어 그 발전속도를 촉진시켰다.

최초의 프리패브 건축이라고 할 수 있는 것은 1851년 런던 대학박람회에 건립된 조셉 팩스턴(Joseph Paxton)의 설계에 의한 수정궁(Crystal Palace)으로 인식되고 있다. 실제로 공업화 건축의 결정적인 동기가 되었던 것은 2차 세계대전 후 유럽에서 노동력의 부족과 주택난 때문이었다. 영국, 덴마크, 스웨덴, 프랑스 등의 국가에서는 정책적으로 공업화 건축을 촉진시켰으며, 영국의 CLASP, 덴마크의 L&N, 프랑스의 까뮤 시스템이 대표적인 예라고 할 수 있다. 미국에서는 전후 귀환용사의 주택공급을 위한 러스트런(Lustron)시스템이 있으며, 일본에서도 1942년 주택영단이 목조 프리패브 주택을 시도하여 응급부흥주택으로 사용되었고, 그 후 목질계, 철강계 및 PC구조의 프리패브 주택이 일반화되었다. 최근 일본에서의 프리패브 주택 착공호수는 전체 주택 건설호수의 10%대를 상회하고 있다.

우리나라에서는 1971년 한성 프리패브 주식회사가 설립되어, 대형 PC패널 구조의 13평형 아파트 연간 생산 1,200~1,500호분을 건설할 수 있는 프리패브 공장을 판교에 건설 하였다. 1970년대부터 건설업의 해외진출에 따라 해외에서 축적한 조립식 공법의 경험을 토대로 국내에서도 조립식 공법의 도입과 자체 개발이 시도되었다. 또한 1991년 3월 정부의 조립식 주택 보급 확대 종합대책 발표 이후 국내의 10여개 건설회사들은 외국의 공업화 주택시스템을 경쟁적으로 도입하였다.

오스트레일리아 이주민을 위한 조립식 목조주택, 1837

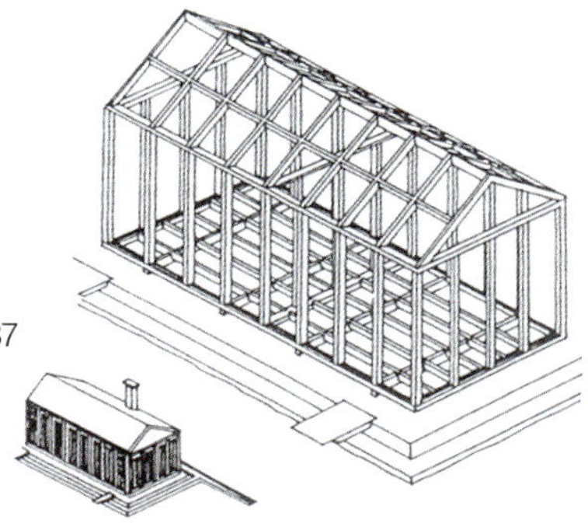

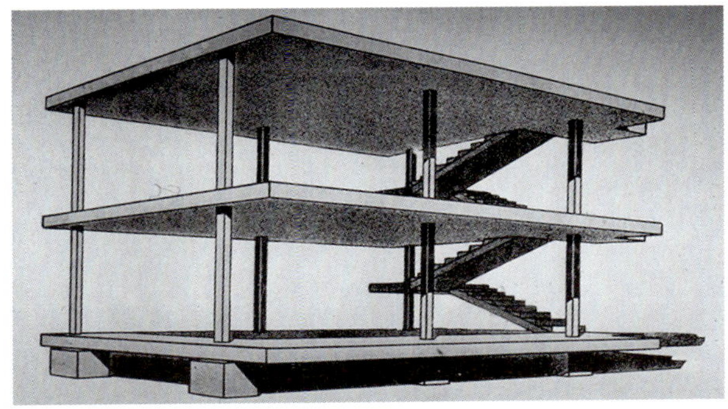

도미노 주택, 르 꼬르뷔제, 1914

1765 1800 1850 1900

산업혁명
(건축재료의 혁명:철, 콘크리트, 유리)

수정궁(Crystal Palace: 세계제1회런던박람회), 조셉 팩스턴, 1851

큐비클(콘리리트상자형 주택), 토마스 에디슨, 1907

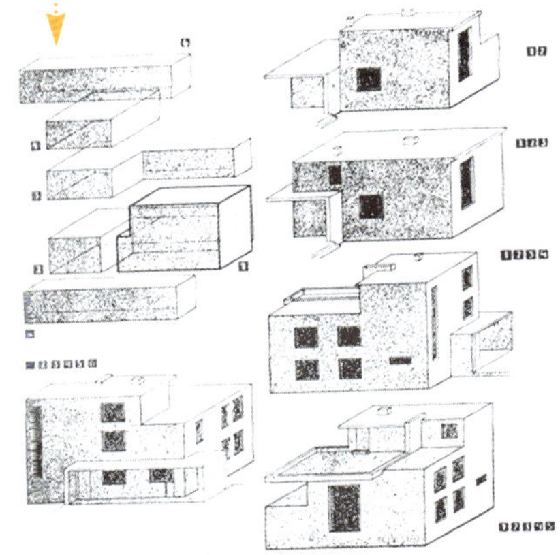

시리얼 하우스(Serial House),
월터 그리피우스, 1921

위치타하우스(Wichita House), 벅민스터 풀러, 1944

IMG(International Modular Group)설립, 1953

1950

다이맥시온 하우스(Dymaxion House), 벅민스터 폴러, 1927

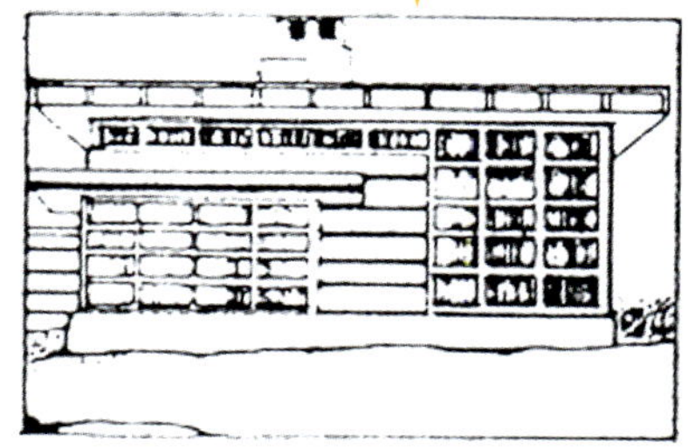

프리패브 주택, 프랭크 라이트, 1951

러스트론 주택(Lustron House: 재향군인 응급주택프로그램), 1946

텍빌트 하우스(Tech-Built House), 칼 코크, 1953

그로피우스 하우스, 월터 그로피우스, 1960

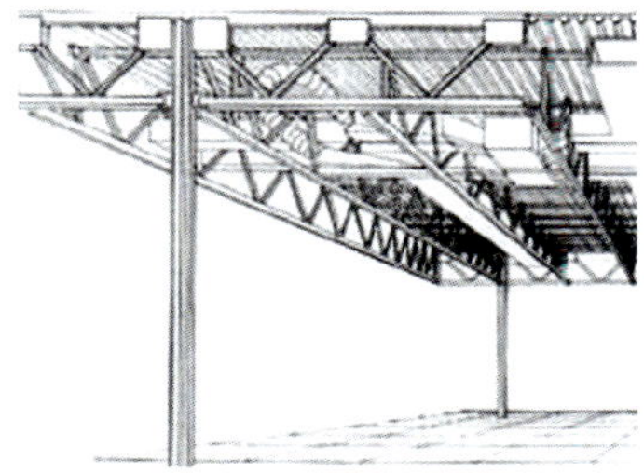
SCSD System, 에렌크 란츠, 1961

1960

유니테 다비다숑(United d'Habitations),
르 꼬르뷔제, 1952

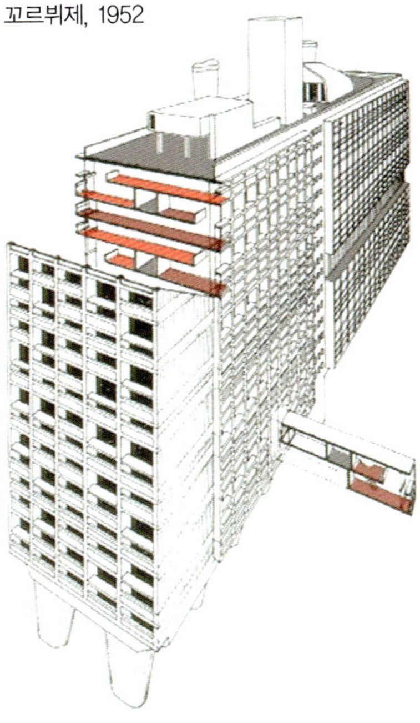

몬산토 플라스틱주택(Monsanto House), 마빈 구디, 1957

해빗탯 67(Habitat 67: 카나다 몬트리얼 엑스포), 모세 샤프디, 1967

Operation Breakthough, 미국 주택도시개발부, 1973

일본 파이롯 기술제안 경기, 1970

한성 PC 아파트, ㈜한성 판교공장, 1971

삼환까뮤 콘크리트 패널 아파트, 이천공장, 1978

1970

일본 공업화주택 성능 인정제도, 1973

몬츠아 집합주택, 안젤로 만자로티, 밀라노, 1972

프리패브 집합 주택, 루이지 펠레그린 1974

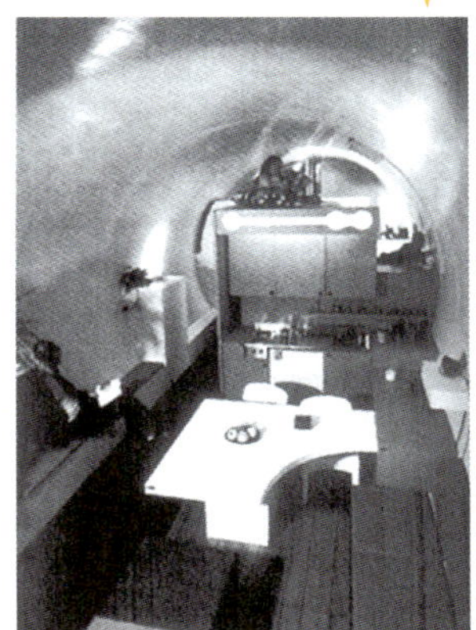

BrØndby Strand, Denmark, Svend HØgsbro and Th. Dreyer, 1974

일본 하우스55(House55), 신주택공급시스템 개발, 1980

1980

삼환까뮤, 만수 PC아파트
1888~1990

삼성 PC
음성공장, 1991

1990

패리패브을 이용한 주택 리노베이션계획,
브르노 미나르디, 뮌헨, 1981

Thee House, Netherland, Piet Blom, 1984

삼익세라믹, 농어촌주택, 1992

시스템 주택의 분류

· **생산시스템 :**

– 클로즈드 시스템 (Closed System) : 특정 건축물에 사용할 수 있는 건축구성재만을 대량으로 생산하여 현장에서 조립건설하는 생산방식이다.

– 오픈 시스템(Open System) : 여러 제조회사에서 생산된 규격화된 건축구성재를 건축가의 자유로운 디자인을 통하여 건축의 전체시스템에 통합시켜 목적하는 건축을 생산하는 방식이다.

· **재 료 :** 목질계, 콘크리트계, 철강계, 플라스틱계

· **구 조 :** 가구식, 패널식, 상자식, 복합구조

· **생산방식 :** 고정식, 이동식, 현장가설식

· **공업화 정도 :** 고도공업화, 중간공업화, 개량재래식

· **접합방식 :** 건식접합부(dry joint), 습식접합부(wet joint), 기계식 접합부

구조에 의한 분류

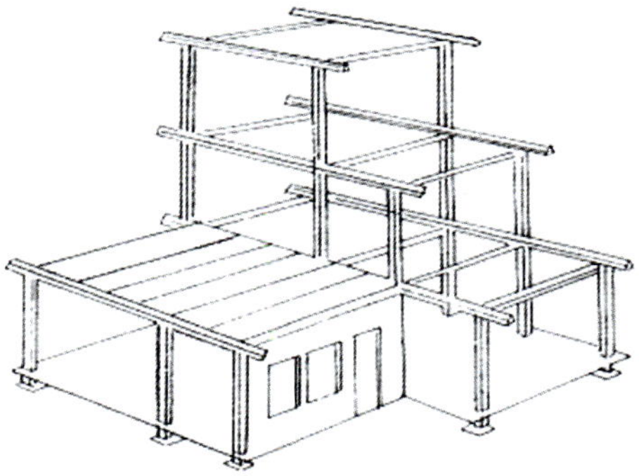

· 가구식(골조식, Skeletal Frame System): 보-기둥구조 시스템

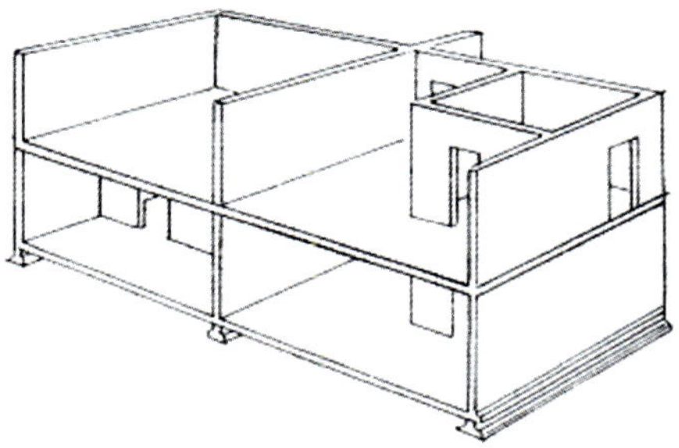

· 패널식(벽식, Panel System): 벽식구조시스템
- 크로스 로드 베어링 벽 시스템(Cross Load Bearing Wall System)
- 스파인 벽 시스템(Spine Wall System)

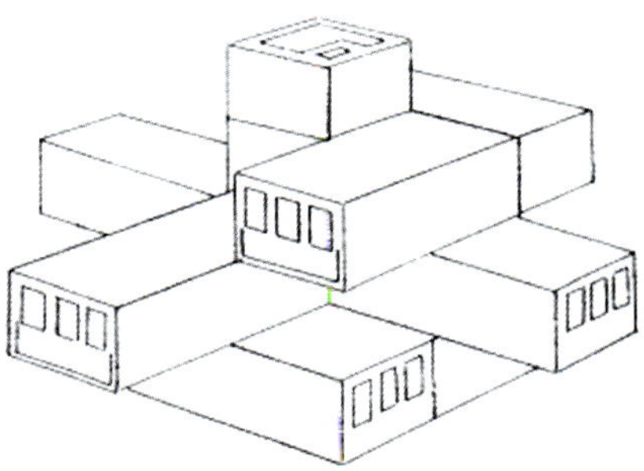

· 상자식 또는 모듈러 구조(Box, Cellular, Unit, Cubicle, Modular, Sectional)

재료에 의한 분류(Ⅰ) – 목질계

(구조시스템)

가구식

패널식

상자식(모듈러, 섹쇼널)

재료에 의한 분류(II) – 콘크리트계

(구조시스템)

가구식

패널식

상자식(모듈러, 섹쇼널)

재료에 의한 분류(Ⅲ) – 철강계

(구조시스템)

가구식

패널식

상자식(모듈러, 섹쇼널)

재료에 의한 분류(III) – 복합구조

(구조시스템)

시스템 주택의 모듈설계

시스템 주택의 설계, 생산, 수송 및 조립 건설과정에 있어서는 부재와 부품 또는 부재/부품과 전체 건축물 간에 치수와 성능에 있어서 일련의 공통된 약속하에 작업이 이루어져야 무리없이 체계적으로 건축이 이루어질 수 있게 된다.

• 치수의 표준화

치수의 단순화와 체계화를 통하여 건축생산의 호환성을 제공하고 건축자재나 부재/부품간의 연결이나 건축공간과의 관계에서 치수체계상의 정합성을 확보할 수 있다.

• 건축모듈정합(MC, Modular Coordination)

시스템 주택의 설계표준화를 이루기 위한 방법으로서 설계의 직접대상인 건축공간과 건축공간을 구성하는 건축구성재의 치수가 정합성(整合性)을 갖도록 모듈(Module)에 근거하여 조정하는 일을 건축모듈정합이라 한다.

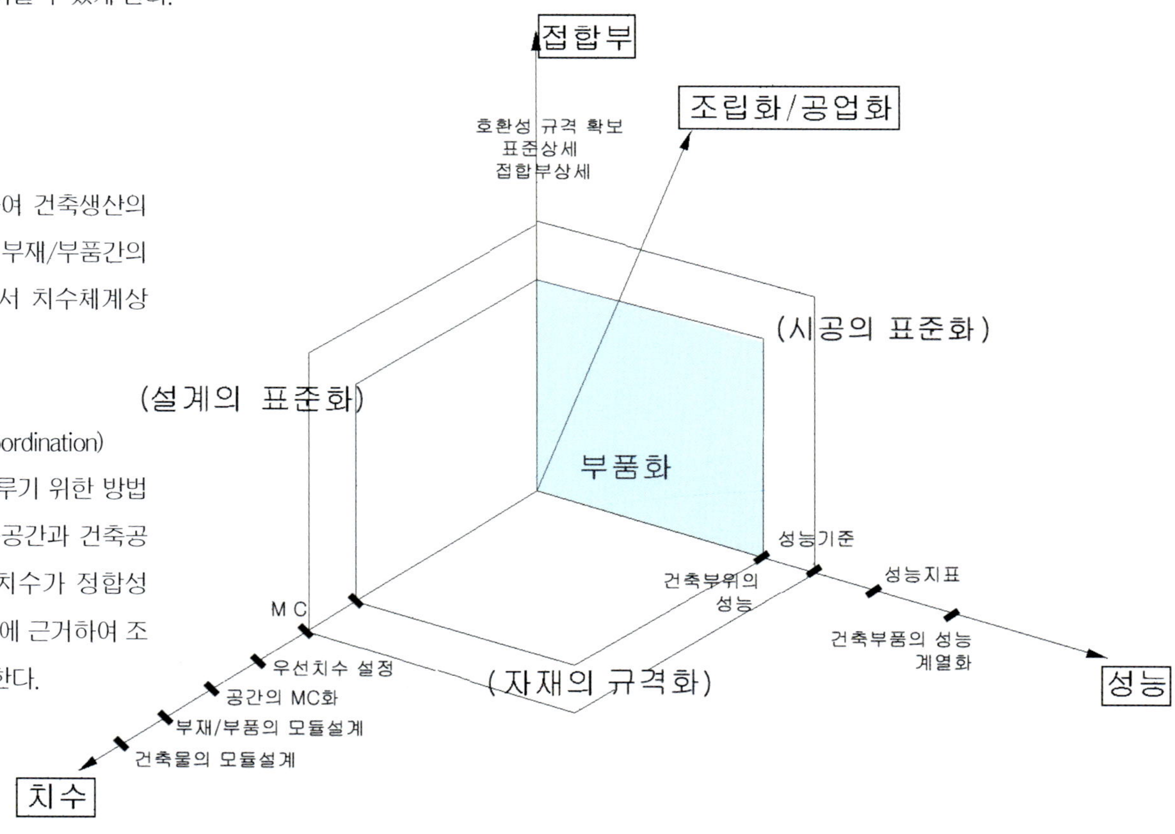

주택성능평가제도

주택을 구성하고 있는 건축구성재를 오픈 부품화정부는 주택의 품질을 높이고 소비자들의 알 권리를 충족시키기 위하여 2006년도 1월부터 주택성능표시제도를 도입하였다. 주택성능표시제도란 소비자가 주택의 품질과 성능을 판단하기 쉽도록 법률에 근거하여 전문가의 객관적인 검사와 평가를 실시하여 표시하는 것이다.

총 5개 성능부분(소음, 구조, 환경, 생활환경, 화재/소방 관련) 14개 범주 20개 항목별로 평가지표와 평가방법의 기준을 두었다.

성능부분 평가 항목

- 소음관련 등급 : 경량충격음, 중량충격음, 화장실소음, 경계소음
- 구조관련 등급 : 가변성, 수리용이성(리모델링/유지관리), 내구성
- 환경관련 등급 : 외부환경, 실내공기질, 일조(빛 환경), 에너지성능(열 환경)
- 생활환경 등급 : 놀이터 등 주민 공동시설, 고령자 등 사회적 약자배려
- 화재/소방 등급 : 화재, 소방

개방형 주택 시스템

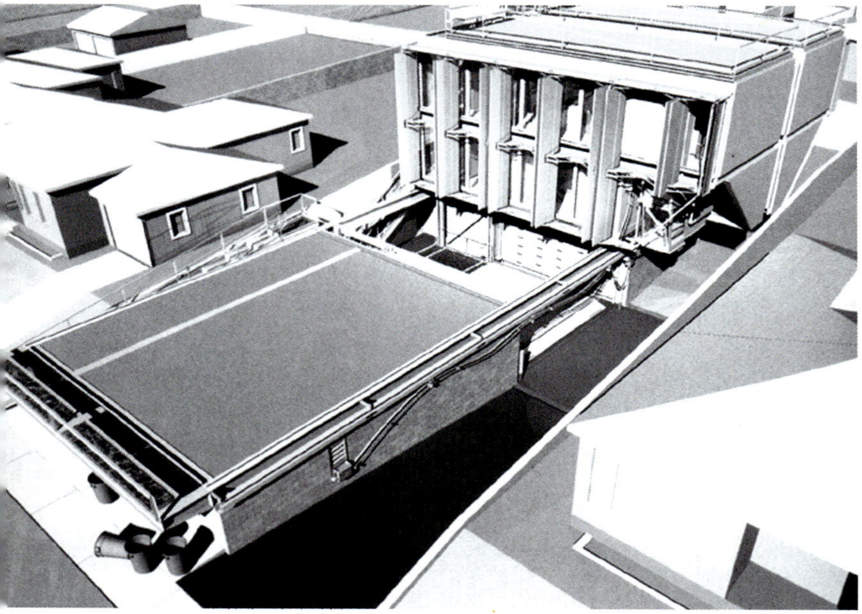

• 주택을 구성하고 있는 건축구성재를 오픈 부품화하여 주택의 각 유형별로 다양하고 호환성있게 적용할 수 있도록 생산공급하는 시스템이다.

• 오픈 부품화된 건축구성재를 조합하여 주택 건축물을 이루기 위해서는 설계의 표준화, 자재의 규격화 그리고 시공의 표준화가 필요하다.

• 설계의 표준화 : 건축모듈정합(MC)방법 적용

• 자재의 규격화(치수 및 성능의 표준화) : 구조체(support)와 비구조체(infill)로 분류된 건축구성재를 건축 모듈정합(MC)에 의한 치수조정과 품질확보를 위한 성능표준화 적용

• 시공의 표준화 : 건축모듈정합(MC)과의 연계성을 바탕으로한 시공정합(Job Coordination)방법 적용

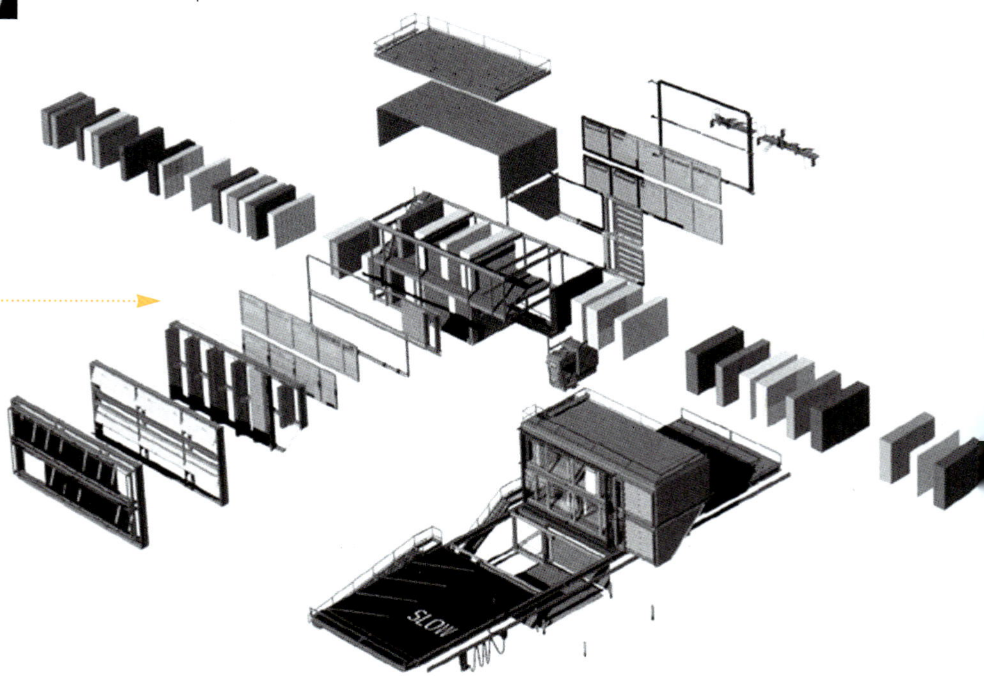

Kings Road House / L.A. / Rudolph Schindler / 1921~1922

틸트업(Tilt-up) 콘크리트패널과 목구조의 복합구조.

구조가 단순하면서 절제되어있는 쉰들러의 킹스로드 (Kings road)주택에서는 한쪽 벽면이 Tilt-up 노출콘크리트 벽면을 형성하고 다른 쪽 벽면은 정원을 향해 열려있다.

모든 칸막이 벽이나 정원 쪽으로 향해있는 벽들은 나무 뼈대사이에 유리나 교체 가능한 단열 칸막이로 채워져 구조체의 역할을 하지는 않는다. 콘크리트 패널벽은 노출콘크리트 바닥 위에 그대로 세워지고, 바닥은 그대로 주택의 바닥으로 사용된다.

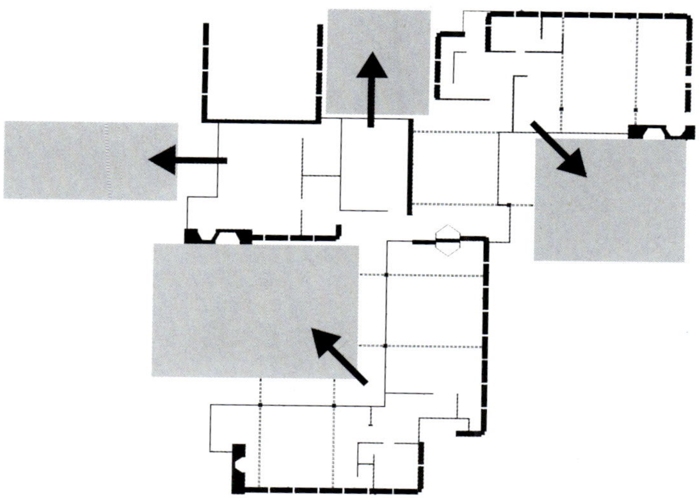

90

The Schindler Shelters / L.A. / Rudolph Schindler / 1933~1942

쉰들러 쉘터에서는 저렴하고 대량생산이 가능하며 가변성을 갖는 설계를 하였다.

기본 계획원리는 정밀하게 제작된 패널+기둥 구조체로 건물의 벽체, 바닥 슬래브 및 지붕 등을 조합하는 특이한 건축방식이었다.

기본단위는 48 inches(1.2m)이며, 1/2,1/3, 및1/4의 세분화된 단위가 사용되었다.

다양한 기본모듈의 조합 예

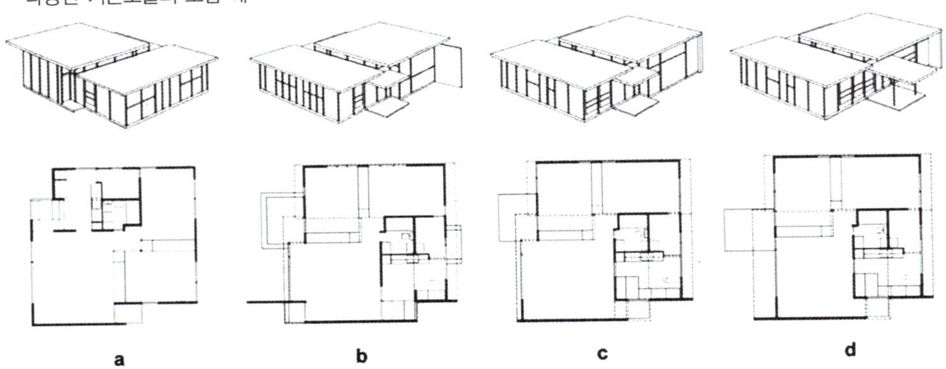

패널+기둥의 접합방식

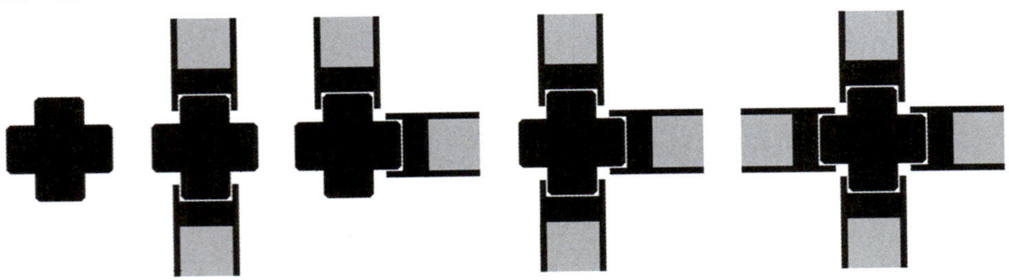

3D 컴퓨터 모델

단계별 조합 공정

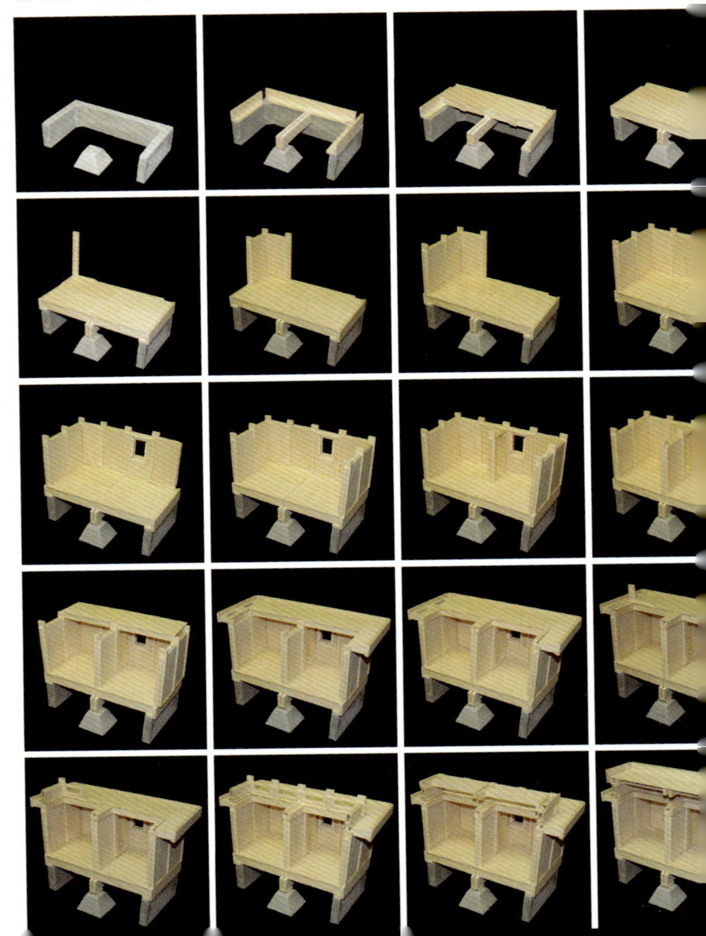

91 시스템 주택 Systems House

Habitat 67 / Montreal, Canada / Moshe Safdie / 1967

1967년 몬트리얼 엑스포를 위하여 건립된 주택단지로서 테마 '사람과 세상'(Man and his World)을 모티브로 설계된 시스템 주택이다.

본래 계획은 22층 900세대 였으나, 실제는 11층 158세대로 건축 되었다. 모두 354개의 콘크리트 박스(5.3m × 11.7m × 3.15m)를 강철 케이블로 연결하였고, 아래 층의 지붕을 위 층에서 테라스나 정원으로 이용 가능토록 하였다.

단위주호의 규모는 55.7㎡(1침실형)~157㎡(4침실형)이다.

The Conbox System / Randersvej, Århus, Denmark / Conbox A/S / 1967~1968

상자구조의 콘크리트 벽은 내화성 폴리염화비닐 단면과 무기질 직모를 둘러싸고 있는 단열재로 되어있다. 이 콘크리트 상자구조는 공장에서 조립 생산되어 현장시공을 한다. 콘크리트 상자의 크기는 폭 2.50m, 길이 4.25m, 높이 2.65m이다.

2~4층 집합주택으로 9개동 각호의 바닥 면적은 1-실 52㎡, 2-실 64-87㎡, 3-실 67-99 ㎡, 4-실 111㎡ 이며, 단지는 216호로 구성되었다.

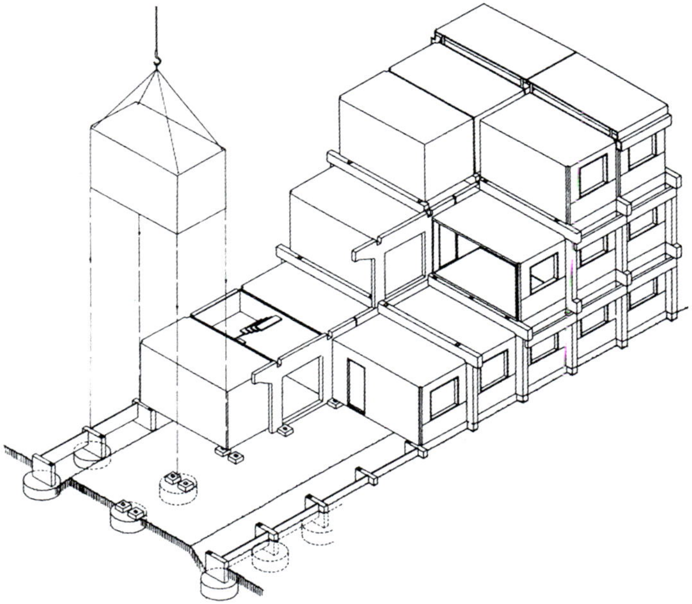

Br∅ndby Strand / Strandesplanaden, Br∅ndby Strand, Denmark / Svend H∅gsbro and Th. Dreyer / 1969~1974

이 주택단지는 16층 아파트12동, 4층 아파트 66동, 그리고 테라스하우스 8동으로 구성되어 있다. 단위주호는 2실형(62~78㎡) 479호, 3실형(95~105㎡) 787호, 4실형(101~115㎡) 704호, 5실형(119~128㎡) 758호이며, 평균주거면적은 101㎡이다. 16층 아파트의 PC내력벽 부재의 두께는 180mm이며, 4층 아파트의 PC내력벽 부재의 두께는 150mm이다. 바닥 슬래브는 중공바닥판 부재로 폭12M(1.2m)과 24M(2.4m)이며, 두께는 230mm이다.

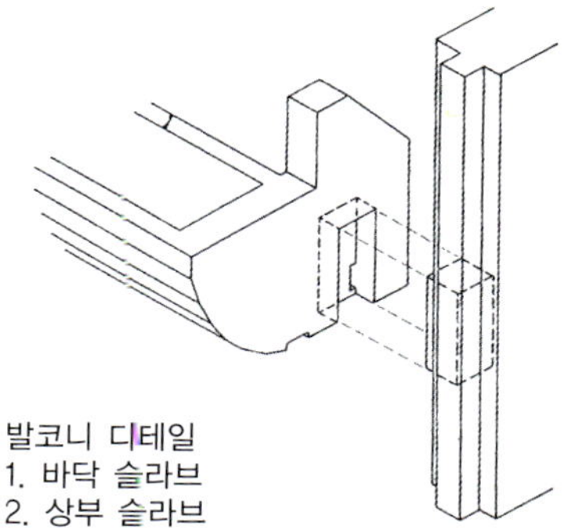

발코니 디테일
1. 바닥 슬라브
2. 상부 슬라브
3. 화단
4. 일조량 조절면
5. 발코니 외벽

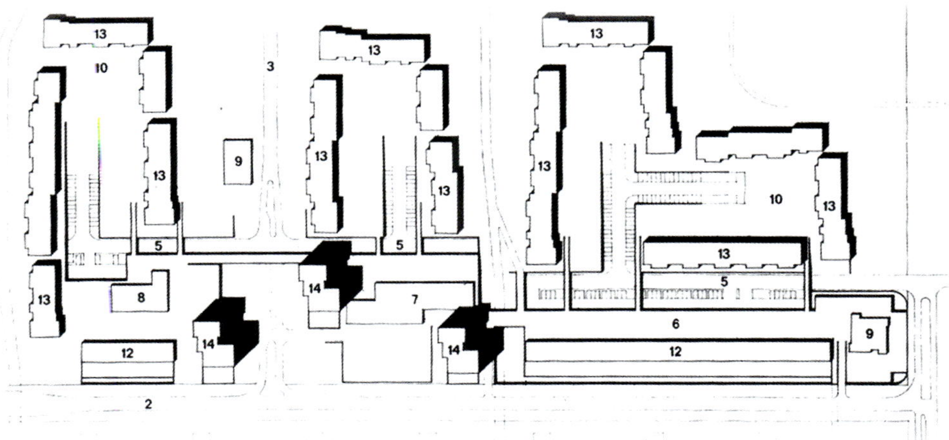

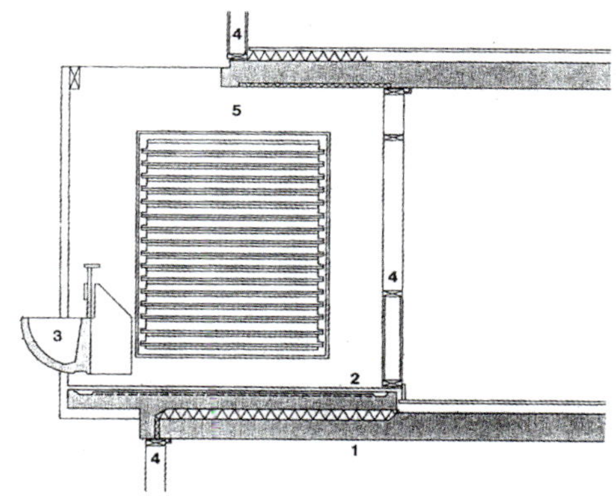

H&S Pilot Project, Holmegårdsparken / Kokkedal, Denmark / Jull M∅ler and Erikkorshagen / 1970~1971

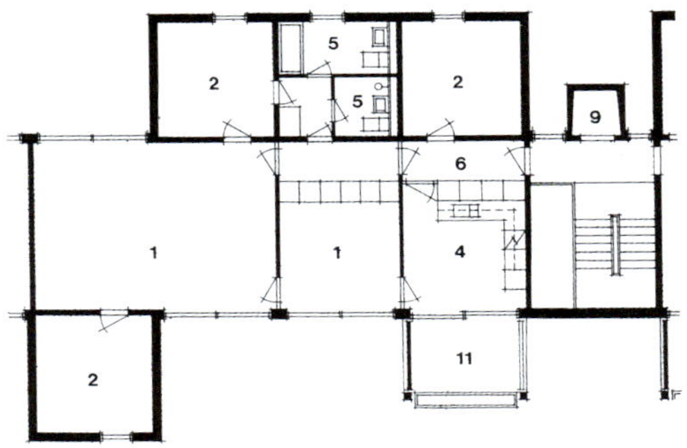

1. 갱의실
2. 침실
3. 부엌 및 식당
4. 욕실
5. 홀
6. 엘리베이터
7. 발코니

주택평형은 1실형~5실형이며, 바닥 면적은 68㎡~ 152㎡(평균 바닥면적 : 97㎡)이다. 4층의 집합주택 80개동으로 구성되었다.

구조벽체는 180mm두께의 PC패널이며, 바닥은 185mm두께의 PC중공 바닥판으로 되어있다. 외벽은 PC샌드위치패널로 마감되었다.

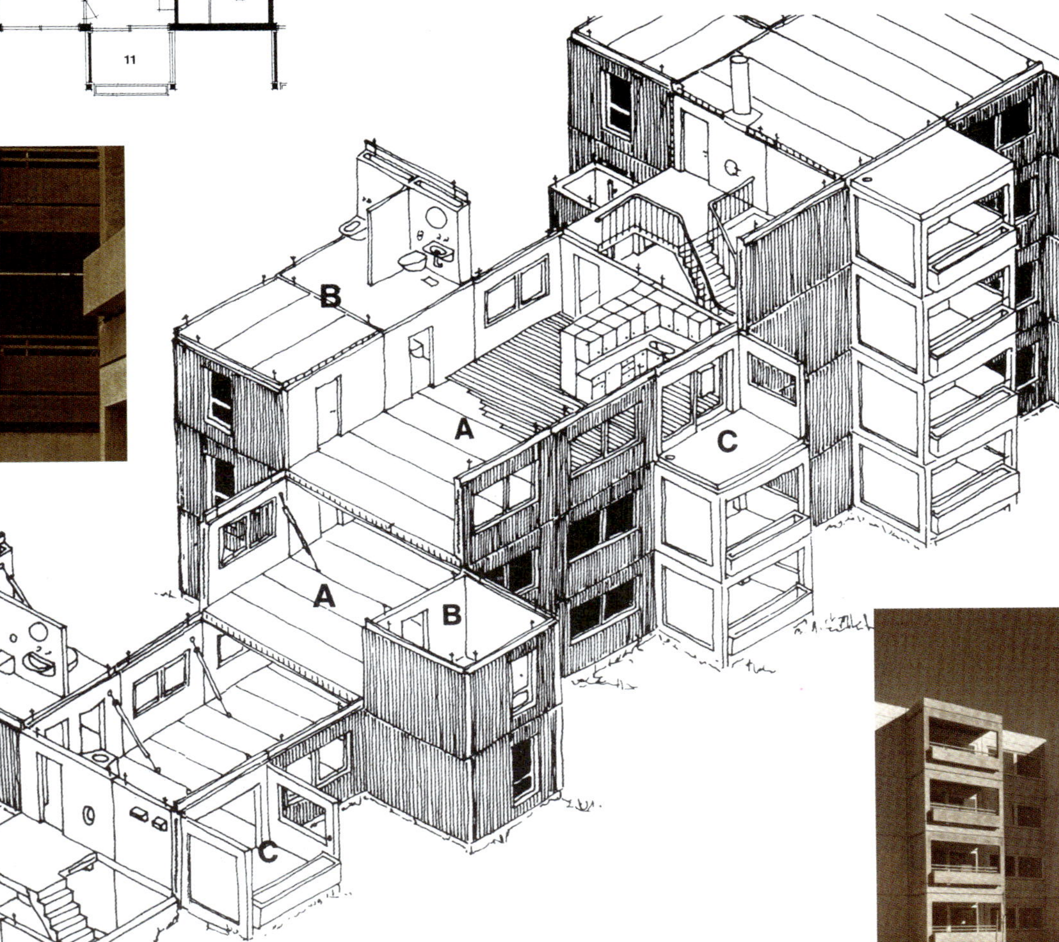

Askerød /Greve, Denmark / Svend Høgsbro / 1973~1975

주택평형은 1실~5실형이며, 바닥면적 44㎡~113㎡(평균85㎡)로 3층의 집합주택으로 7개동 526호로 구성되었다.

구조는 PC패널구조이며, 외벽은 PC샌드위치패널로 구성되었다.

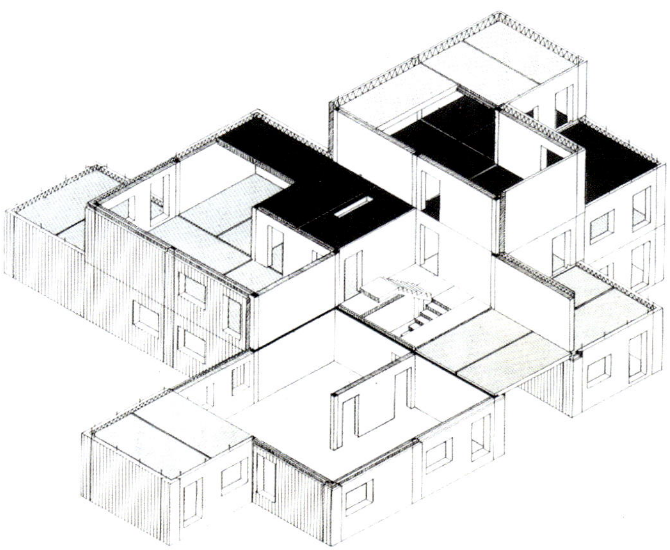

LN-Hylde Bo Project / Hylde, Denmark / Larsen & Nielsen Enterprise A/S / 1975

벽체는 180mm 두께의 PC패널이며, 바닥은 230mm 두께의 PC 중공 바닥판으로 되어있다.
층수의 변화로 입면과 건물형태의 다양성을 보여주고 있다.

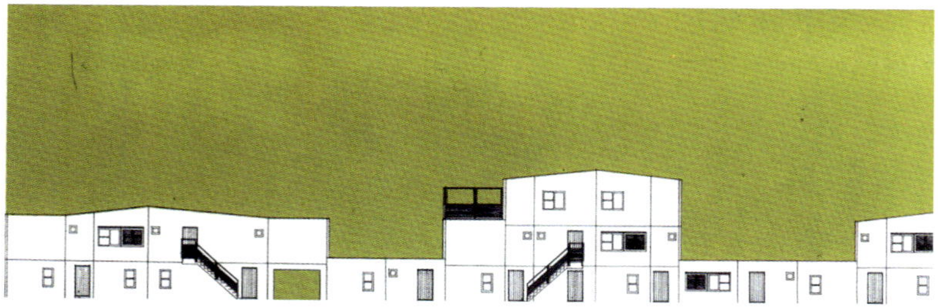

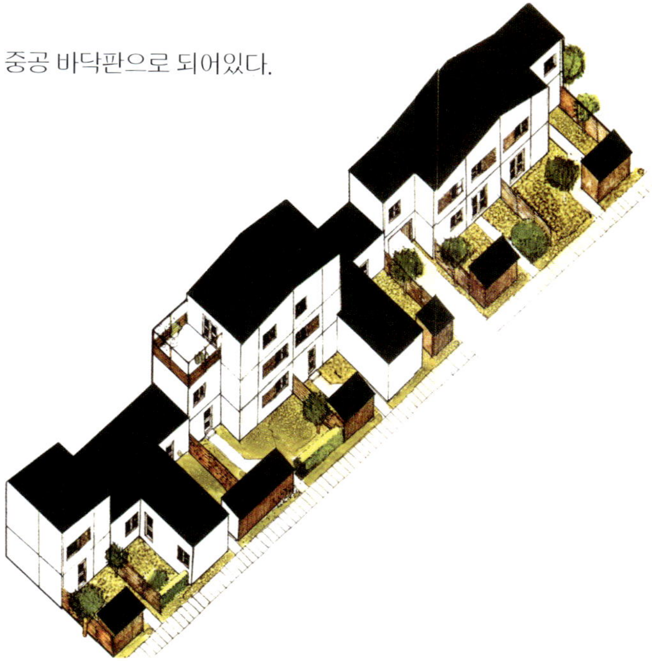

Hyldespjældet / Herstedvestervej, Albertslund, Denmark / Ole Asbjørn Birch / 1975~1976

주택평형은 2실~6실형이며, 바닥 면적은 56㎡~108㎡(평균 88 ㎡)이다.

1~3층의 집합주택으로 63개동 304호로 구성되었다.

구조 벽체는 230mm 두께의 PC패널이며, 바닥은 230mm두께의 중공바닥판으로 되어있다.

내벽은 80~100mm두께이며, 외벽은 착색 PC샌드위치 패널로 구성되었다.

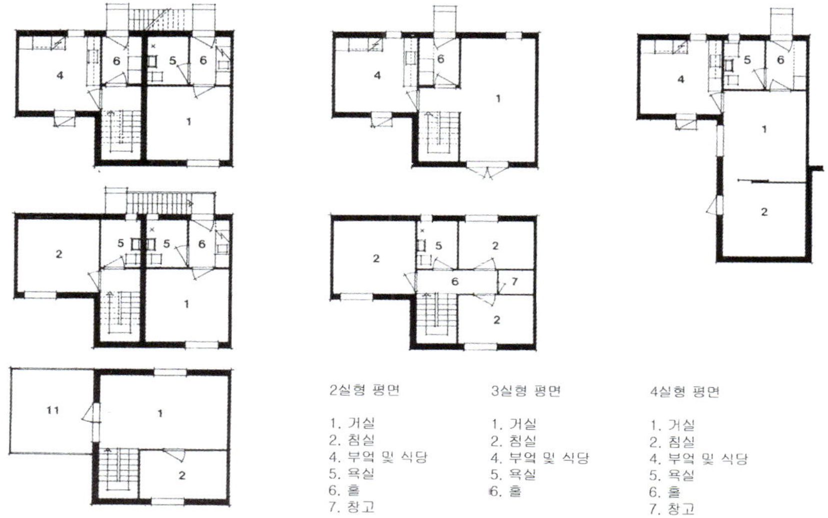

2실형 평면

1. 거실
2. 침실
4. 부엌 및 식당
5. 욕실
6. 홀
7. 창고

3실형 평면

1. 거실
2. 침실
4. 부엌 및 식당
5. 욕실
6. 홀

4실형 평면

1. 거실
2. 침실
4. 부엌 및 식당
5. 욕실
6. 홀
7. 창고

De Peperklip House / Rosestraat, Rotterdam, The Netherlands / Weeber Corel / 1976

페퍼클립 집합주택은 백색, 흑색, 척색, 청색의 10 × 10cm 타일이 모자이크형태로 마감된 PC패널로 입면을 구성하였다.

현관, 발코니, 창호벽, 창고 등 입면의 다양한 요소에 변화를 가하여 조합할 수 있도록 하여 반복의 경제성과 시공의 용이성을 확보한 집합주택이다. 부지를 에워싸는 형태로 종이클립모양으로 디자인되었다.

각호의 바닥 면적은 110㎡이며, 단지는 549호로 구성되었다.

99

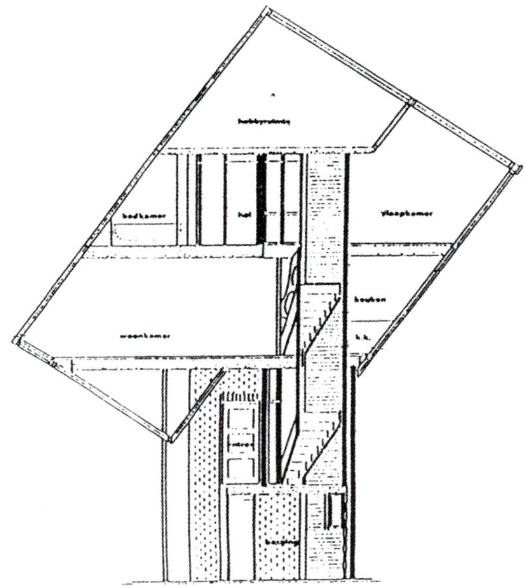

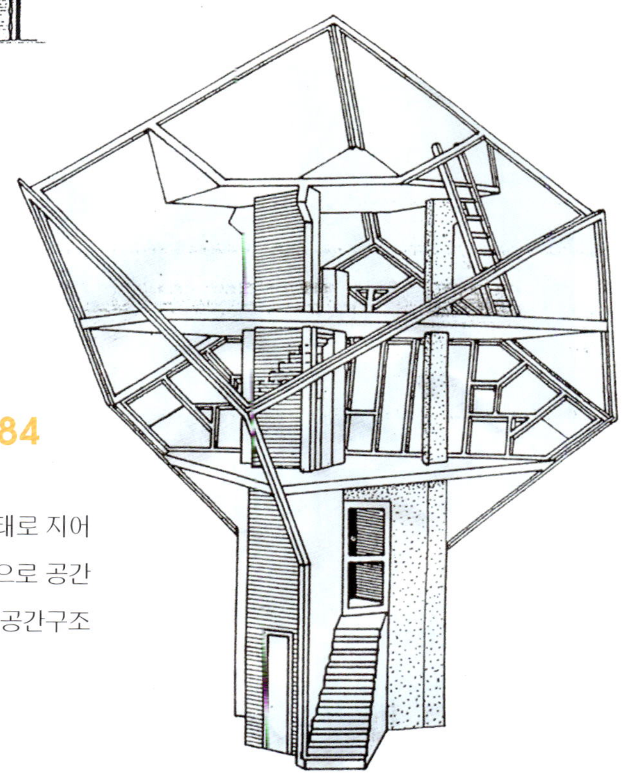

Tree House / Rotterdam, The Netherlands / Piet Blom / 1984

트리 하우스(Tree House)는 나무의 기둥에 해당하는 6각의 콘크리트 기단부에 수목의 형태로 지어진 3층(22m)으로 된 목조패널 구조 주택이다. 출입구, 주방, 화장실 등 최소공간을 제외하고는 가변적으로 공간구성을 할 수 있다. 구조를 이루는 콘크리트와 목조패널의 조화는 현대의 직사각형태의 경직된 매스와 공간구조를 탈피했다.

전체단지의 건축면적은 6,000㎡ 이며, 큐브하우스 하나의 건축면적은 100㎡ 이다.

MRMC(Multi Room Modular Construction) / Honolulu, U.S.A. / D. I. Shin International Inc. / 1996

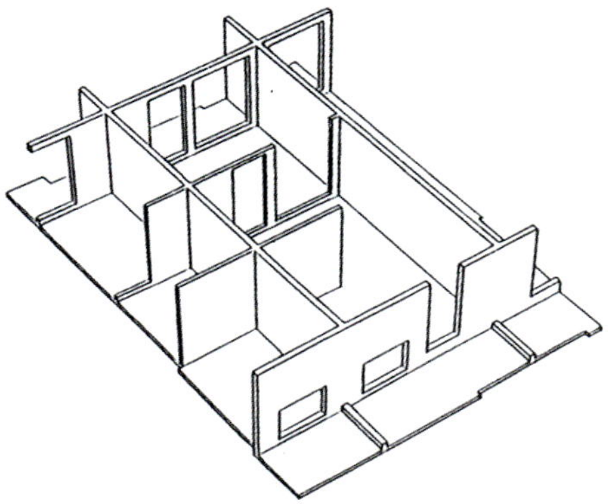

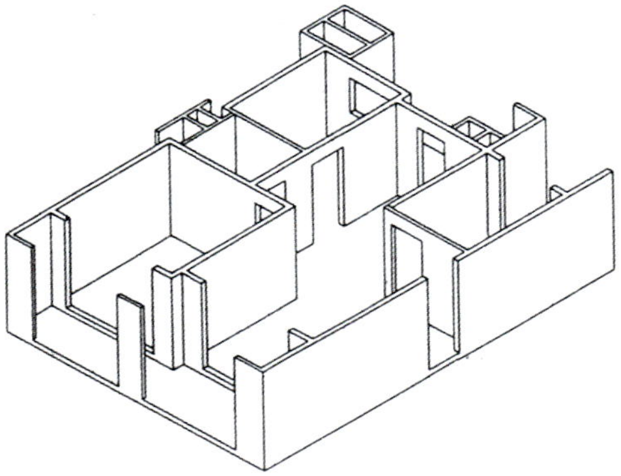

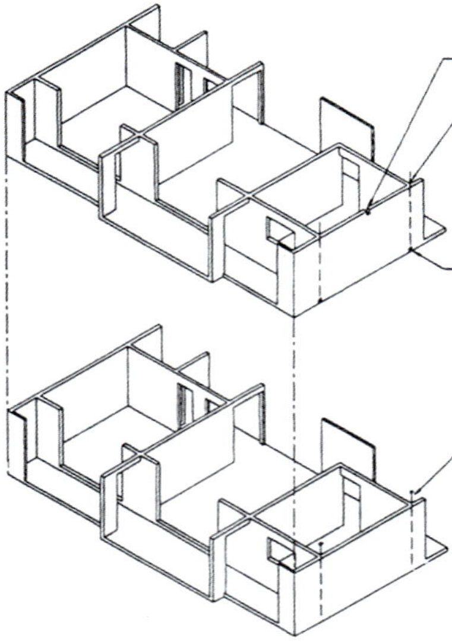

MRMC 시스템의 특징
1. DWS 폼
2. ASI 모듈 이동
3. ASI 모듈 조립
4. ASI 플랜트
5. DWS 모듈 이동
6. DWS 폼 작업

Bombala Farm House / New South Wales, Australia / Collins and Turner / 1998

박스 유닛 구조를 사용하여 호주의 한 농장에 농가주택으로 건축되었다.

농장의 나무들이 집의 표면에서 비칠 수 있도록 디자인되었다. 강구조의 박스 유닛에 유리로 벽체를 마감하였다. 외면은 물결 모양의 금속 골판벽체로 내후성이 강한 알루미늄재료로 마감되었다.

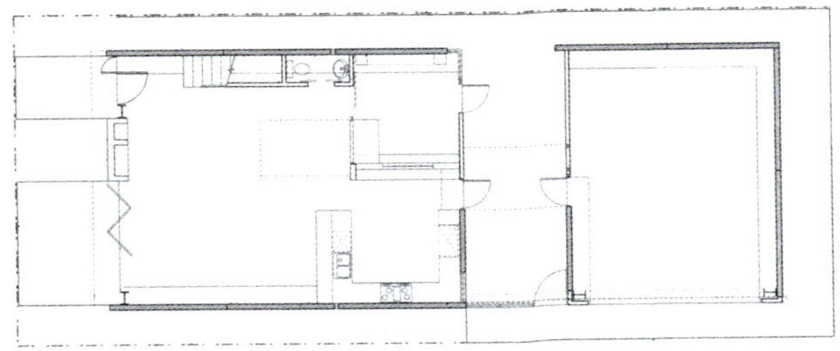

1층평면도

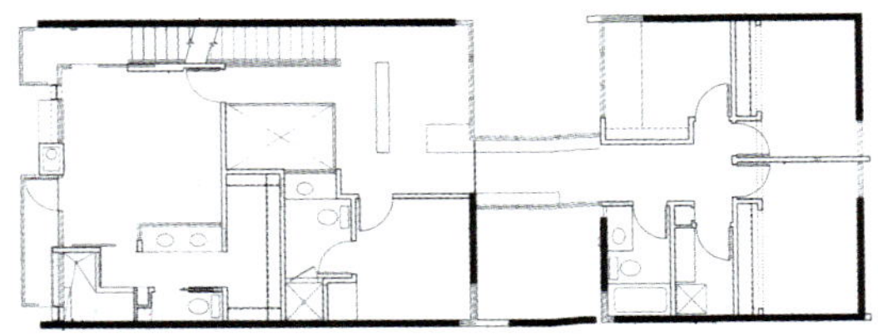

2층 평면도

Tilt–Up Slab House / U.S.A. / David Hertz / 2001

좁은 공간에 주택을 건축하기 위하여, 콘크리트 패널을 제작하여 기준패널을 세우고 다른 패널을 이어 접속하는 Tilt-Up방식으로 시공되었다.

이 주택은 10개의 외부 콘크리트 패널과 3개의 내부 콘크리트 패널을 공장에서 생산하여 대략 10시간안에 조립할 수 있다. 창과 문은 알루미늄 재료로 표준치수로 공장 주문생산되어 마감공사에 사용되었다.

Nakagin Capsule Tower / Tokyo / Kisho Kurogawa / 1970~1972

일본 동경에 완공한 나카긴 캡슐타워는 13층의 높이로 공장에서 이미 만들어진 모듈유닛 혹은 캡슐로 이루어진다. 캡슐의 크기는 3m × 3.8m × 2.1m이며, 약간의 주거공간과 사무공간이 있다. 캡슐은 단독 거주공간을 위해 서로 연결되거나 합병될 수도 있다. 캡슐은 4개의 고장력 볼트만으로 두 개의 메인샤프트 중 하나에 연결되며, 재배치가 가능하도록 설계되어 있다.

건축면적 429.51㎡, 연면적 3,091.23㎡, 스틸과 콘크리트가 주재료로 사용되었다.

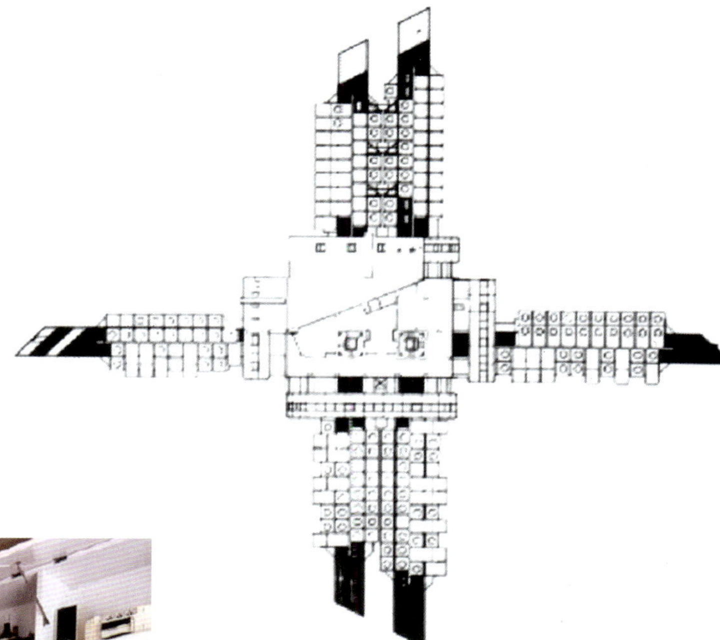

Sekisui To-You Home GLX and Sekisui Heim / Tokyo Sekisui 工業(株) / 1994

• Sekisui To-You Home

목질계의 유닛 주택으로서 2" × 4"공법과 하임 라인의 유닛공법을 융합한 공법이다. 목재 뼈대 위에 경질 목편 시멘트판을 고정시킨 외벽으로 유닛 구조체를 완성한다. 유닛 내에는 시스템키친, 계단, 욕조 등을 설치한다. 주택건설의 80%를 공장에서 완성한다. 시공기간은 50일 소요된다.

• Sekisui Heim

30개의 철골유닛주택이다. 최종라인에서 250개 항목에 달하는 검사에 합격되어야 출하된다.

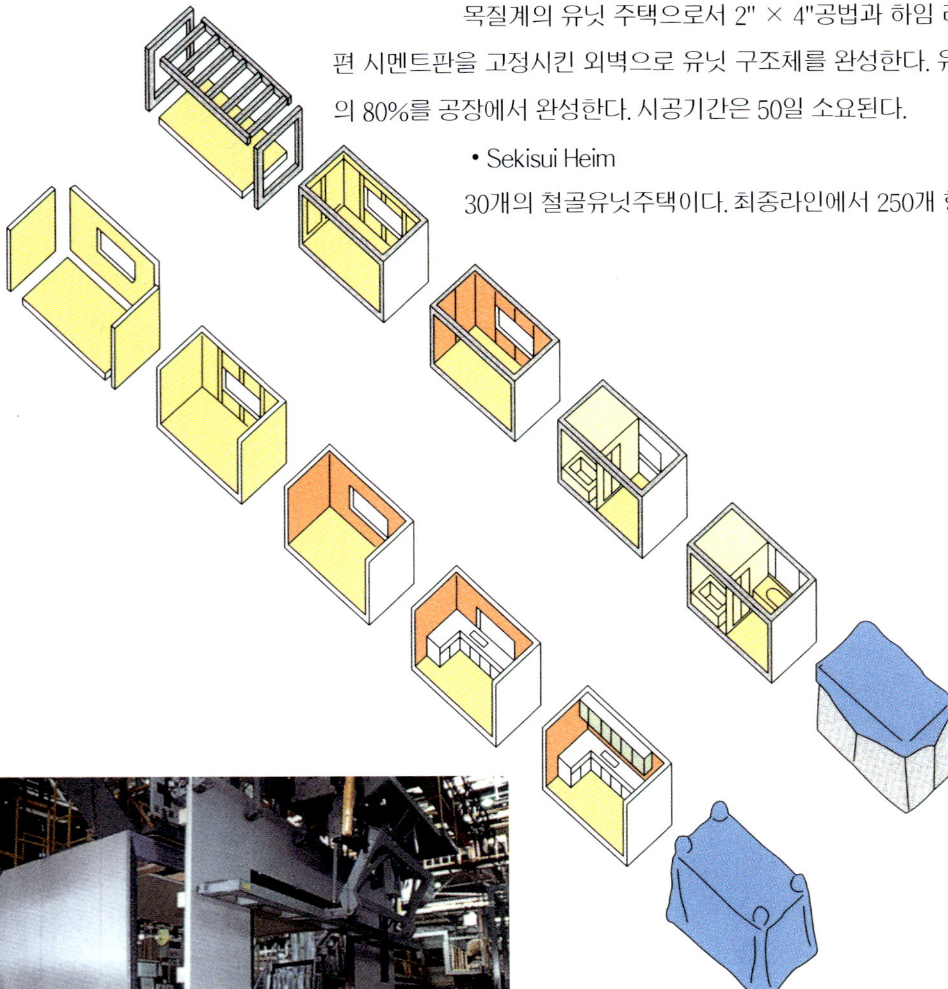

삼환 만수 PC아파트 / 인천시 만수동 / 삼환까뮤 / 1988~1990

이 단지는 16평형(300세대), 19평형(360세대), 22평형(360세대), 25평형(300세대)의 아파트 단지로 지상 15층 11개동 1320세대로 구성되었다.

프랑스 까뮤식 대형 PC패널 구조공법으로, 두께 250mm 샌드위치패널(외벽판 두께 70mm, 단열재 60mm, 내판 두께 120mm), 두께 140mm 솔리드 슬래브 바닥판과 두께 140mm 내력벽판으로 구성되었다. 접합은 수평, 수직 철근을 결속 접합한 후 그라우트로 충전되었다.

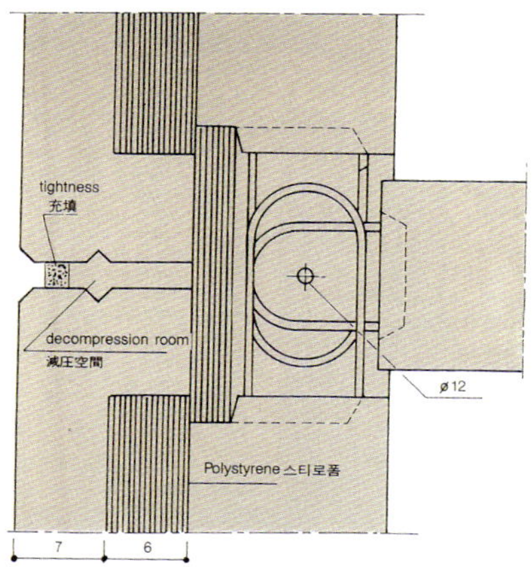

외벽단면도

106

부산 대우 마리나 3차 아파트 / 부산시 우동 / 대우DWS / 1992

이 단지는 15층의 23평형 240세대, 31평형 360호로 구성되었다.

DWS (Daewoo Multi-Room Modular Construction System) 공법으로 건설 되었으며, 이 공법으로 1990년 창원 경자동차 아파트 168호, 1994년 김해 내외지구 아파트 504호가 건설되었다.

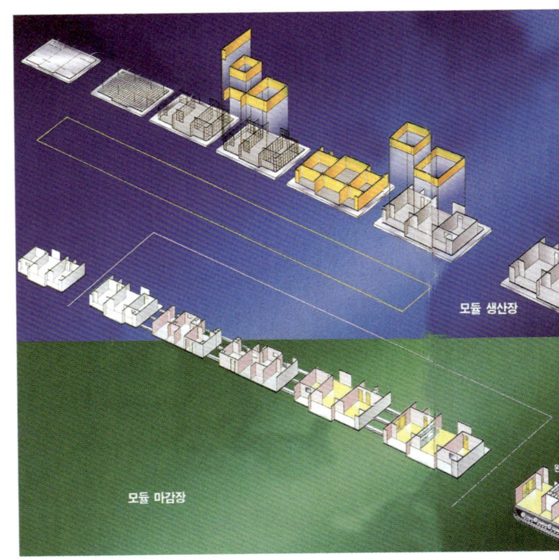

삼익 농어촌주택 / 청주시 / 삼익세라믹 / 1992

삼익 농어촌 전원주택은 공장 생산하여 현장에서 6~8 시간 만에 벽체와 지붕이 정밀시공 된다.

외벽은 철근 배근이 들어 있는 경량기포 콘크리트(PALC) 패널로, 내벽은 경량기포 콘크리트(ALC) 패널로 구성되었다.

1992년 농어촌 진흥공사 주최 농촌주택 설계공모에서 대상수상, 1994년 농촌마을 종합기본 계획 설계공모에서 농림수산부 장관상을 수상하였다.

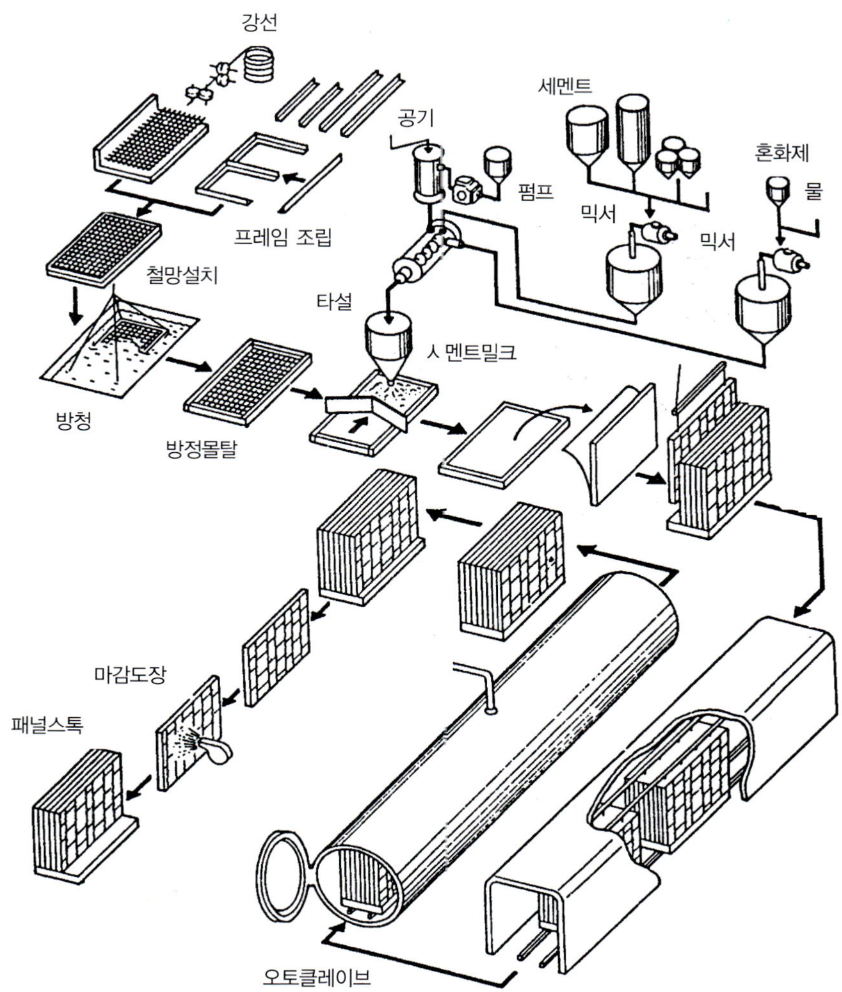

Eco House

4. 생태 주택

- 생태주택
- 생태주택의 시대별 사례유형
- 생태주택의 요소
- 생태주거단지
- 태양열주택
- 복토주택

생태주택

독일의 생물학자 Ernst Haeckel(1834-1919)이 그의 저서 "유기체의 일반 형태학"(1866)에서 생태학이란 단어를 처음으로 사용하였다. 그는 "생태학이란 유기체와 그 주위를 둘러싸고 있는 외부환경과의 연관관계에 관한 총체적 학문이며, 넓은 의미에서 외부환경 속에 모든 생존조건을 포함 시킬 수 있다"라고 정의하였다.

생태주택은 환경문제를 근본적으로 해결하고, 예방하고자 하는 목적 하에 모든 개발행위와 경제활동에서 환경을 중요하게 배려하여 환경에 미치는 악영향을 최소화 시키자는 개념으로 사용되는 환경친화적 주택 및 주거단지를 말한다.

생태주택의 개발은 계획목표상 크게 지구환경의 보전, 주변 환경과의 친화, 거주환경의 건강 및 쾌적성 등의 3가지 목적으로 나눌 수 있으며, 이러한 계획에서는 자연 순환과정 중에서 기본적인 사항, 즉 물, 토양, 공기, 태양 등 4가지 자연형성요소를 적극적으로 활용한다. 생태주택은 기존의 고 단열, 기밀화가 기본이고 그러한 의미에서 현대주택의 고성능화의 연장선상에 있다고 할 수 있으며, 특히 자연환경을 충분히 고려하는 것과 건물의 신축이나 철거 시에도 환경에 영향을 미치지 않도록 배려하는 것이 강조되고 있다.

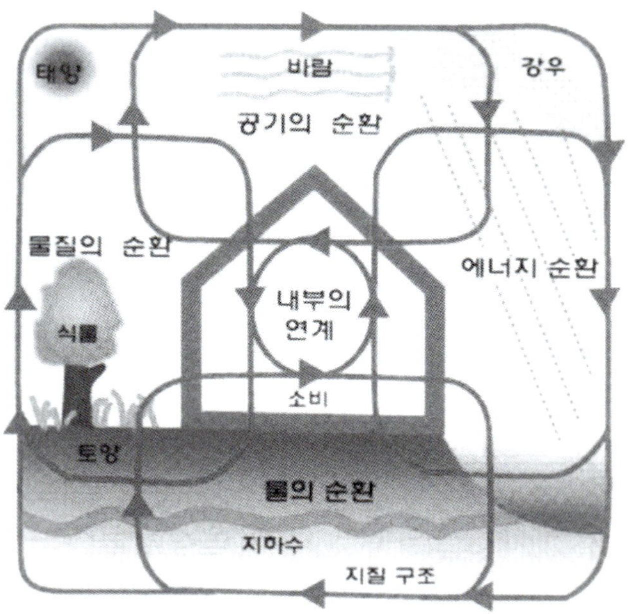

생태주택은 자연생태계의 일부로서 가해(공해)없이 자연자원을 활용한다. 자연의 주순환체계인 물, 토양, 공기, 불(태양)을 주택과 주거단지의 순환체계로 고찰할 수 있다.
이 순환체계들은 다양하게 연계되어지며 서로 종속적이다.

생태주택의 시대별 사례유형

현재 세계적으로 환경에 대한 인식이 새로워지면서 환경친화적 건축 즉 생태주택이 증가하고 있으며 독일에서 시작되어 네덜란드, 스웨덴, 오스트리아 등의 국가로 보급되고 있다. 미국과 오스트레일리아 등에서 환경에 대한 관심과 건축운동으로 발전하여 지역성을 살린 독특한 방식으로 생태마을이나 집합주택을 형성하기도 한다.

하나의 단독건물로서 또는 도심에서 녹색의 쉼터로 역할을 하는 건축으로도 발전하고 있다.

겨울에는 따뜻하고 여름에는 서늘하며, 강풍에 의한 먼지를 막을 수도 있고, 생태계를 파괴시키지 않는 점 등 땅밑집이 갖는 장점을 이용한 풍토주택이다.

중국 야오동(기원전 10세기경)

터키의 중앙부에 위치한 카파도키아 지방은 아나토리아 고원에 위치해 있고 기후적으로 여름에는 건조하고 무덥고, 겨울에는 매우 추운 열악한 기후에도 암굴집의 내부온도는 연간 거의 일정하게 유지되는 풍토주택이다.

터키 카파도키아 (Cappadocia)(3세기경)

미국 푸에블로(Pueblo)(6세기경)

농사를 짓는 정적인 경제생활을 영위하는 대부분의 지역과 마찬가지로 목재와 흙을 사용하여 영구적인 주거공간을 마련한 인디언의 풍토주택이다.

이 주택은 순수한 건축형식에서 뿐만 아니라 공간의 구성 방식에 있어서도 세계에서 그 유례를 찾을 수 없는 주거형식이다.

방어를 위하여 토루의 외부는 두터운 흙벽으로 구축되고 내부는 목조구조로 짜맞추어지는 '토조(土造)-목조(木造)'의 혼합구조를 갖는 3층~5층 규모의 집합주택이다.

토루는 흙벽이나 흙벽돌을 사용하여 견고하고 내구적이며, 겨울에는 따뜻하고 여름에는 시원한 효과도 가지고 있으므로 온난하고 습기가 많은 기후와 산악지역의 주거건축에 적합한 풍토주택이다.

중국 토루 (13세기말)

낙안읍성(14세기경)

낙안읍성은 남향의 배산임수 입지로 기후에 적당한 입지 및 좌향을 가지고 있으며, 지붕의 구조 및 재료에서 기와 또는 초가, 흙으로 구성되어 단열성이 좋다.

계곡을 낀 자연 속에 극적으로 어우러진 주택으로 수평과 수직적 요소가 다양하게 결합된 구조로 내외부 공간의 상호관입, 적절한 재료의 사용, 공간의 연속성과 구조의 조형성을 추구한 유기적인 건축의 대표적 작품(지역고유의 풍토나 문화적 전통과 연결)이다.

미국 낙수장(Fallingwater)(Frank Lloyd Wright)(1935년~1939년)

윤증고택(1629년~1711년)

윤증고택에서는 맞통풍이 가능한 개구부 구조, 외부공간과 내부공간의 연속성 및 개방성, 기후에 적합한 재료 등 생태요소들을 찾아볼 수 있다.

미국 애리조나 아르코산티 사막 위에 유기체적 질서를 갖고 있는 집적된 고밀도의 주거 단지를 건설하여 생태건축을 실현시키고 있다.

미국 아르코산티(Arcosanti, America)(1970~)

House for Leo Castelli(1980)

에밀리오 암바스(Emilio Ambasz)가 설계한 복토 주택으로서 자연과 인공의 공존을 추구한 환경친화적 성향을 나타낸 계획안이다.

미국 Hilltop House(1981)

윌리엄 모건(William Morgan)이 설계한 미국 플로리다주에 있는 복토주택으로 지상과 지하공간의 조화가 잘 이루어져있다.

태양열과 수자원의 활용, 자연친화적 재료, 단지내 녹화, 비오톱 등 생태요소들을 찾아볼 수 있는 주거단지이다.

독일 샤프뤨 주거단지 투빙엔 (Schafbrühl Tübingen, Germany) (1980년대초)

부산 망미 주공아파트(1984~1986)

이 테라스하우스에서 찾아볼 수 있는 생태요소는 지형을 고려한 단지배치계획, 테라스주택 피로티, 생태연못, 자연을 향유하는 커뮤니티 및 휴식공간 등이다.

독일 프라이부르크 태양열주택 (Freiburg/Breisgau, Germany) (1985)

남쪽의 창면적을 크게하는 동시에 온실을 두고 북측엔 창면적을 줄이고 수장공간을 덧붙여 부가적인 단열기능과 독일의 기후조건을 고려한 생태주택의 유형이다.

자연재료와 천연재료, 지붕녹화, 태양열 집열판, 벽체를 이용한 복사난방 등 친환경 기술이 적극적으로 도입된 생태주택이다.

네덜란드 에콜로니아
(Ecolonia, The Netherlands)(1989)

이 주택에서는 구조체와 내장을 분리하여 계획 시공하는 2단계공급방식을 적용한 지속 가능한 주거이다.

일본 넥스트21 오사카(Osaka Japan)(1993년)

독일 슈트트가르트 미래주택2000
(Housing 2000, Stuttgart, Germany) (1993년)

미래주택2000 단지내에 설치된 태양열 주택으로서 미래의 무한한 무공해에너지로서의 태양열을 이용한 집합 주택이다.

주변환경과 조화되고, 건강하고 쾌적한 주생활을 실현하는 목조주택들로 구성된 환경공생형의 다양한 수법과 기술을 채용하고 있는 생태주거단지이다.

일본 環境共生住宅團地
키타큐슈(Kitakyusu, Japan) (1993)

녹지공간을 최대한 활용한 전원주택마을로서 조경요소의 확대, 야생동물의 휴식처, 보온효과, 축열 등 에너지 절약효과, 주거공간 방음효과, 미기후완화, 쾌적성 향상 등을 추구한 생태주택마을이다.

부천시 전원주택마을(1998~)

파주시 헤이리 예술마을(2002~)

헤이리 예술마을에서는 생태주택요소인 복토주택, 경사지를 이용한 주택, 천연재료를 이용한 주택 등과 같은 다양한 형태의 요소들을 찾아 볼 수 있다.

생태주택의 요소

생태주택의 요소에는 물, 흙, 자연에너지, 식생, 동식물, 주택재료, 자연친화성 등이 있다.

물은 실개천, 벽천, 단지내 분수대 등에 활용된다.

흙은 벽체 또는 복토주택의 지붕재료, 투수성 포장재료, 인공지반 조성 등에 활용한다.

자연에너지는 태양열 주택과 복토주택에서 이용된다.

식생은 옥상, 조경, 벽면녹화 등을 통하여 미기후의 완화, 소음의 경감, 화재연소 방지 등의 효과를 기대 할 수 있다.

동식물은 비오톱, 생태연못, 식이식물에 의한 유인 등에서 찾아 볼 수 있다.

주택재료는 초가집, 한옥, 이란의 Super Adobe 등에서 찾아 볼 수 있다.

자연친화성은 외부공간과 내부공간의 연속성, 개방 및 맞통풍이 가능한 개구부 구조(대청), 우데기 등에서 찾아 볼 수 있다.

물

우리생활에서 가장 낭비하기 쉬우면서도 주변에서 조금만 신경쓰면 쉽게 구할 수 있고 또한 재활용이 가능한 것이 물이다.

- 우수의 순환이용
- 지표의 투수화
- 실개천활용
- 하수의 순환이용

실개천

벽천

단지내 분수대

투수성 포장재료를 이용한 물의 자연순환 유도

지형을 이용한 건물내치와 기존구릉을 그대로 살린 테라스하우스

건물내부에 인공지반을 조성하여 녹지공간을 조성

흙

자연그대로의 흙을 확보하여 자연순환에 근거를 둔 유기적인 환경을 만드는 것이 최대 목표가 된다 흙의 육성은 생물경관과 풍부한 녹지의 확보, 빗물의 지하 침투 등 건전한 생물순환과 물순환을 확보하기 위한 기반이 되므로 반드시 이루어져야 한다.

- 자연토양, 자연지형의 이용
- 투수성 포장재료의 사용
- 텃밭조성

태양열 주택

복토주택

복토주택

자연에너지

태양에너지의 양은 거대하여 고갈될 염려도 없고 또한 환경 오염 물질의 배출이 없는 등 다른 에너지원에 비해 우수한 특징을 가지고 있다.

복토주택은 외부의 기온 변화로부터 큰 영향을 받지 않고 일정온도를 유지하는 땅속의 특수한 조건을 이용한 주택이다. 지하에 동굴처럼 흙을 파서 짓거나 건축물을 축조한 후 건물의 표면을 흙으로 덮어서 만든다.

식 생

옥상, 지붕, 벽면 녹화 등을 통하여 미기후의 완화, 소음의 경감, 녹음의 확보, 화재연소의 방지 등의 효과를 기대할 수 있다.

- 조경요소의 확대
- 공간의 유효이용
- 야생동물의 서식처
- 보온효과, 축열 등 에너지 절약효과
- 주거공간 방음효과
- 미기후완화
- 쾌적성향상

벽면녹화

옥상녹화

지붕녹화

다양한 식재를 이용한 녹화를 통해 비오톱을 조성

동식물

건축물 주변이나 외부공간에 야생동물과 야생조류의 식생환경을 복원하여 인간과 자연환경이 하나의 공동체를 이루도록 한다.

수변이나 습지를 중심으로한 소동물의 식생환경의 정비, 거목의 육성, 곤충을 유도하는 환경공생기술을 도입하여 외부공간을 복원한다.

돌과 생태 연못을 중심으로 다양한 동식물 식생환경을 조성한 주거단지

식이식물에 의한 유인

주택 재료

생태주택은 나무, 돌, 흙 등 우리 주위 어디에서나 손쉽게 구할 수 있는 재료로 만들어졌고, 그 어떤 장식이나 꾸밈도 없다. 초가는 농사의 부산물을 가지고 농한기를 이용하여 만들어졌기 때문에 큰 부담이 되지 않았을 뿐 아니라 단열 등 환경조절 면에서도 우수하다. 내부적으로는 마루와 구들을 깔아 더위와 추위에 대한 대처를 하고, 외벽은 흙벽을 치고, 지붕은 기와나 짚을 덮었다. 따라서 이러한 재료들은 어느 정도 시간이 흐르면 다시 자연으로 돌아가는 자연친화적이다.

벗짚과 흙을 이용한 초가집

한옥은 나무, 돌, 흙 등 우리 주위에서 쉽게 얻을 수 있는 재료들로 지었다.

이란의 Super Adobe

자연친화성

우리나라 전통주택에는 기후, 자연친화성, 쾌적한 거주성 등의 측면에서 친환경적 특성을 가진 계획 요소들이 나타나고 있다.

- 기후 : 기후에 적합한 재료, 기후에 적합한 입지 및 좌향, 기후에 적합한 공간 및 평면형태
- 자연친화 : 내외부의 연속성, 자연순응
- 쾌적한 거주성 : 쾌적하고 건강한 온열환경 및 빛환경, 건강유지에 도움이 되는 재료

자연형태를 그대로 사용(주춧돌, 나무기둥)

외부공간과 내부공간의 연속성

개방 및 맞통풍이 가능한 개구부 구조(대청)

우데기
울릉도의 주택에서만 보이는 벽의 형태로 눈보라와 비바람, 햇빛 등을 막기 위해 집채에 설치한 울릉도 특유의 외벽

생태주거단지

생태주거단지에서 발견되는 생태주택요소는 태양열과 수자원의 활용, 천연재료, 단지내 녹화, 비오톱 등 사례가 있다.

독일의 샤프뢸 주거단지는 독일 생태주거단지의 대표적인 사례중의 하나로, 이곳은 거주자들의 높은 만족도를 얻고 있으며, 자연스러운 사회적 접촉을 통하여 공동체 의식이 높은 주거단지로 평가되고 있다.

일본의 넥스트21은 단지내 녹화 등을 적극적으로 이용하여 주변동물이 모이는 자연스러운 녹색공간으로 바뀌었다.

국내사례중 부산망미 테라스하우스는 지형을 고려한 단지배치계획, 테라스주택, 생태연못, 비오톱 자연을 향유하는 커뮤니티 및 휴식공간 등을 활용한 생태주거단지이다.

사막의 언덕위에 지어진 아르코산티

Arcosanti / Arcosanti, U.S.A. / Paolo Soleri / 1970~

아르코산티는 이탈리아 건축가이자 이상가인 파울로 솔레리가 환경친화적이고 공간효율적인 생태도시를 구상하면서 이를 건축생태학(Arcology 건축생태학 = Architecture 건축 + Ecology 생태학)의 개념으로 발전시켜 적용한 곳이다.

아르코산티(Arcosanti)라는 말은 건축생태학이라는 아르콜로지와 반물질주의를 뜻하는 코산티(Cosanti)의 합성어이다. 코산티는 솔레리가 직접 만든 단어로 사물을 의미하는 이탈리아어 코사(cosa)와 대항(against)을 의미하는 'anti'를 합쳐 반물질주의를 뜻한다.

이곳은 1970년에 첫 기공 이후 지금까지 계속 조금씩 건설하고 있다. 주거와 작업, 문화와 상업 공간을 혼합하여 자급 자족이 가능한 공동체로서의 새로운 도시를 실험하고 있다.

Ecolonia / Alphen aan den Rijin, The Netherlands / Novem(에너지환경청) / 1980

자연재료와 지붕녹화, 태양열 집열판, 벽체를 이용한 복사난방 등 친환경기술이 적극적으로 도입된 주택단지이며, 빗물의 지중흡수를 용이하게 하기 위하여 단지내의 도로는 대부분 투수성 포장을 하였다. 또한 단지내에서 발생하는 빗물은 생태연못으로 모이도록 계획되었다.

천연도료사용, 복사난방의 벽체와 부착형 태양열 집열판 설치

도로는 투수성 포장이며 가로등은 에너지 절약형

단지 내 비오톱

재활용 목재를 이용한 데크설치, 생태연못은 수생식물과 곤충 및 조류 등 식생이 가능, 식물에 의한 오수의 자연정화 능력강화

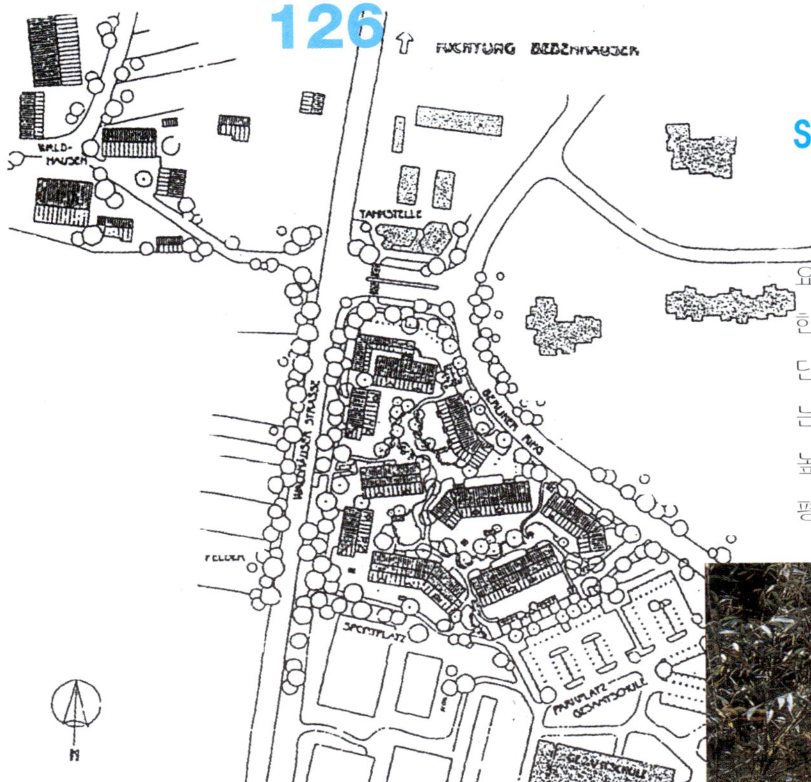

Schafbrül / Tübingen, Germany / Eble / 1980~1985

샤프륄 주거단지는 독일의 생태주거단지의 대표적인 사례 중의 하나로 계획에 소요되는 많은 시간과 새로운 기술의 적용에 대한 실험적 정신 등에 대한 부담이 있었지만 성공한 사례 중의 하나이다. 이 주거단지는 초고층 아파트 주변에서 보통의 범주를 벗어난 11호의 단독주택이 자연 속에 어우러진 임대주거단지이다. 이 단지계획에서 사용된 생태주택의 요소는 태양열과 수자원의 활용, 주택의 재료, 단지내 녹화, 비오톱 등이다. 현재 이곳은 거주자들의 높은 만족도를 얻고 있으며, 자연스러운 사회적 접촉을 통하여 공동체 의식이 높은 주거단지로 평가되고 있다.

샤프륄 주거단지 내 연못(비오톱)

샤프륄 주거단지 내 실개천 발원지

샤프륄 주거단지 주거동 경관

자연학습장으로서의 주거단지 외부공간

Brambuk Living Cultural Centre / Halls Gap, Victoria, Australia / Gregory Burgess / 1990

5개의 지역 공동체인 부족 및 씨족 사회 집단의 상징물(토템)은 이 디자인의 기초가 된다. 이 상징물들은 각각 뱀장어(경사로), 고래(산등성이), 독수리(지붕 형태), 돌(기초, 난로와 마루), 나무(기둥) 등의 형태를 건축물에 반영한 오스트레일리아의 가장 대표적인 생태건축 사례이다.

Site Plan

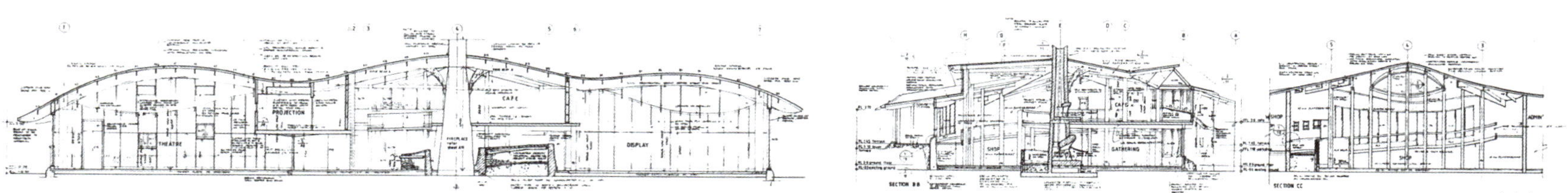

생태정원

NEXT21 Osaka / Osaka, Japan / NEXT21 建設委員會 / 1992~1993

넥스트21 계획은 에너지절약, 환경보존, 풍요로운 라이프 스타일이라는 3가지 주제를 실현하고자 한다. 라이프 스테이지에 대응한 가변성, 다양한 라이프 스타일에의 적응성, 에너지절약, 자연과의 공생 등을 포함하는 미래지향적 건물시스템이다.

생태주택 요소인 태양열과 수자원활용, 주택의 재료, 단지내 녹화, 비오톱 등을 활용함으로써 이 주택지는 그 지역에 푸르름을 주게 되고, 주변동물들이 모이는 자연스러운 녹색의 공간으로 바뀌었다.

넥스트21 집합주택 전경

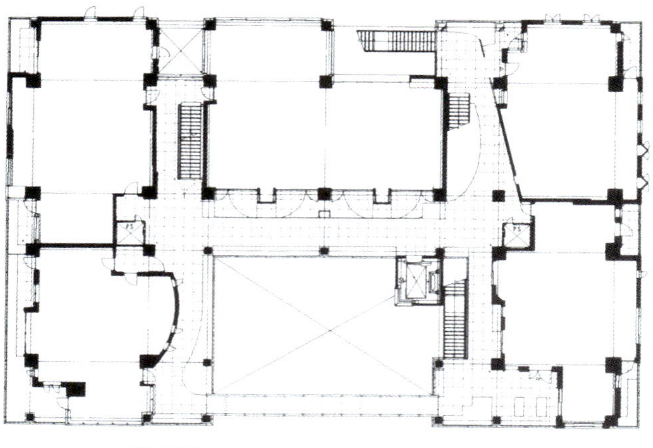

3층 평면도

넥스트21 입체가로

중정에서 본 풀과 온실

지구마을 주택을 둘러싼 실개천

環境共生住居團地(日本지구마을) / Kitakyusu, Japan /岩村和夫+北九州市建築局 / 1993

이 단지에 조성 전시된 주택들은 총 16개동으로 이 지역에 잘 순응하는 환경공생주택 4동, 고령자 대응주택 10동, 미래지향형주택 2동 등의 3가지 유형으로 구성되어 있다. 그 하나하나가 차세대의 보다 건전하고 쾌적한 주거유형으로 제안되었다. 생태주택의 요소인 태양열과 수자원활용, 주택의 재료, 단지내 녹화, 비오톱 등을 이용하였다.

부산 망미 테라스 하우스 / 부산 / 무영건축(주), 대한주택공사 / 1984~1986

이 단지는 자연녹지지역으로 바다를 향한 남향25도, 북서향 40도의 경사지에 위치한다. 1986년에 준공된 이 단지는 구릉지를 개발하여 고층 아파트 1998호, 테라스 하우스 40호 규모의 대단지로 조성되었다. 경사가 급한 곳에는 테라스 하우스를 배치하였다. 자연지형을 이용하여 단지에서 발생하는 우수를 집수하여 생태연못을 만들었다.

이 단지의 생태환경요소는 지형을 고려한 단지배치계획, 테라스 주택, 필로티, 생태연못, 비오톱, 자연을 향유하는 커뮤니티 및 휴식공간 등이다.

테라스형 주택 및 보행자 전용도로 전경

연못으로 조성된 쉼터

자연생태연못 전경

텃밭조성

벽면녹화

발코니녹화

지붕녹화

부천시 전원주택마을 / 부천시 작동 / 부천시 / 1998~

이 마을은 옥상, 지붕, 발코니 및 벽면녹화 등을 주로 이용하여 미기후의 완화, 소음의 경감, 녹음의 확보, 화재의 연소방지 등의 효과를 기대할 수 있는 전원주택단지이다.

헤이리 예술마을 / 파주시 / (주)도화종합기술공사 단지설계부 / 2002~

태양열과 수자원활용, 주택의 재료, 단지내 녹화, 비오톱 등을 이용한 생태주택단지이다. 복토주택, 경사지를 이용한 주택, 천연재료를 이용한 주택, 녹지공간의 조성 등을 이용한 다양한 형태의 주택들이 건설되고 있다.

벽면녹화

복토주택

천연재료를 이용한 주택

경사지를 이용한 주택

태양열주택

태양열 주택은 자연형 시스템과 설비형 시스템으로 구분된다. 자연형은 태양열의 집열, 저장, 이용방식에 따라 직접획득형, 간접획득형, 분리획득형으로 3가지로 분류된다. 자연형이 건물구조를 이용하고 별도의 기계적 설비를 가지지 않는 반면 설비형은 펌프나 송풍기와 같이 외부로부터 에너지를 소모하는 기계를 사용하여 열전달을 시키는 방식이다.

Northern California Home / Northern California, U.S.A. / Alfred S. Braun / 1978

이 주택은 중량감 있는 구조물들의 열 저장, 온수저장 튜브 및 모든 방의 남향 배치를 통해 겨울철의 태양에너지 유입을 최대화 할 수 있는 자연형 태양열 주택 유형 중 트롬월(Trombe Wall) 사례이다.

실내에서 바라본 환기구

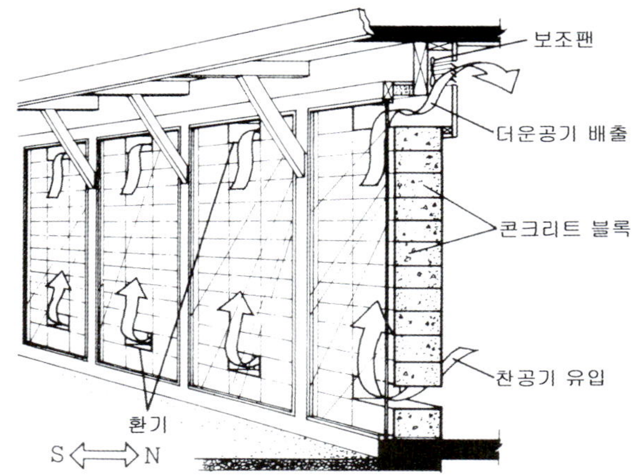

New Mexico Home / New Mexico, U.S.A. / Valerie Walsh / 1981

이 주택은 겨울철에 태양에너지를 직접 건물 내에 도입하여 난방부하를 경감시킨다. 남쪽을 집열면으로 하여 태양열을 벽이나 바닥에 축열시키고 일몰 후에도 그 복사열을 이용하는 부착형 온실형의 사례이다.

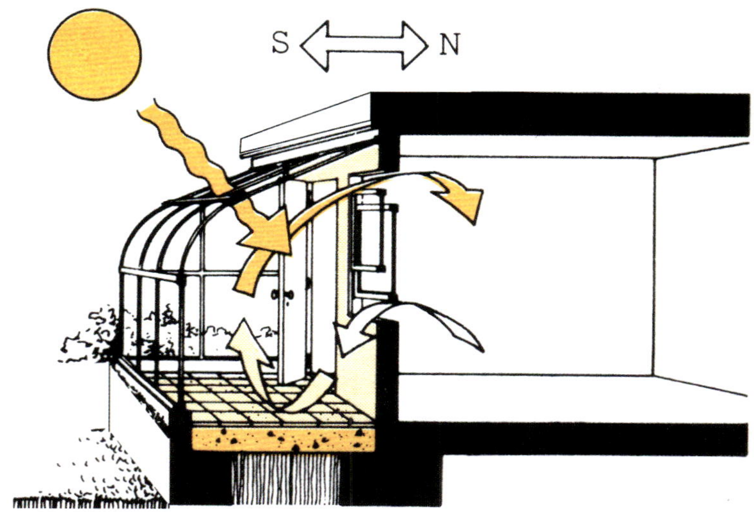

Minkehaus / Kassel, Germany / G. Minke / 1985

전통적 자연재료인 진흙의 사용방법을 현대기술에 접목시켜 미래지향적으로 개선한 G. Minke 교수의 목조진흙 주택은 생태주택의 대표적 예다. 이 주택은 태양열 이용을 위해 남측에 커다란 온실을 만들고 토양 생태계를 보상하기 위해 지붕 위에 흙을 덮어 새로운 토양층을 형성시켰다. 이 토양층에 이식된 야생잔디는 산소를 공급하는 본질적 기능 외에 공기 중의 먼지를 제거하고, 밀실하게 자란 뿌리는 외부단열재의 역할을 한다.

남쪽 정원에서 바라본 외관

내부 : 진흙침대와 진흙옷장

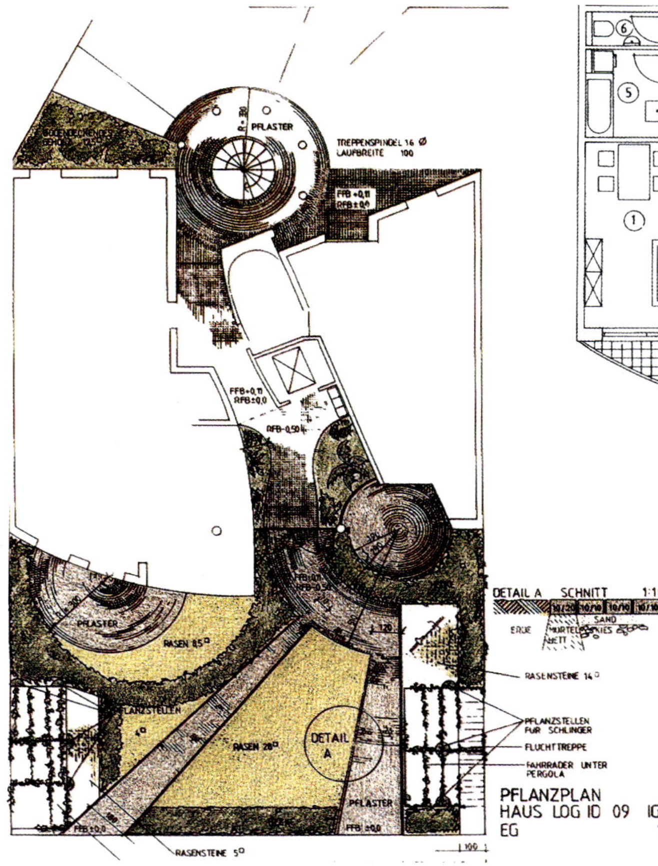

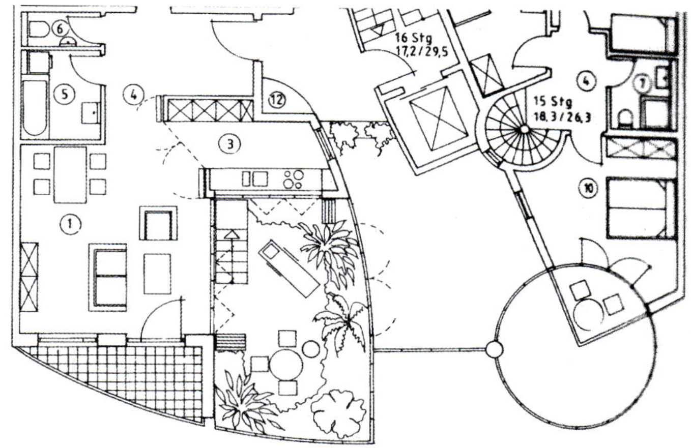

Haus 9 미래주택2000 / Stuttgart, Germany / LOG ID / 1993

이 단지내의 Haus 9는 발코니와 건물을 연결하는 남쪽으로 향한 온실이 배치된 주택이다. 태양의 진행방향에 따라 유리통로가 배치되고 기상상황에 따라 온실과 외부발코니는 내부공간으로 활용될 수 있다. 1층은 메조넷 주택처럼 설계되어 내부의 온실은 햇빛을 열에너지로 전환하여 겨울이나 환절기때 주택의 난방에 도움을 준다.

MiSo* / Washington, D.C, U.S.A. / Michigan Team / 2005

지붕 및 외벽에 집열장치를 설치하여 이곳에서 가열된 물 또는 열매체를 이용한 설비형 태양열주택의 사례이다.

Prairie Solar / Washington, D.C, U.S.A. / Missouri–Rolla Team / 2005

이 주택은 공기식과 전기패널을 이용한 설비형 태양열 주택 사례이다.

복토주택

복토주택은 다음의 특징을 갖는다.

첫째, 지중의 온도변화는 지상의 온도변화보다 작으므로 이러한 시간 지연효과로 지중의 온도변화는 심도가 높아질수록 큰 폭으로 감소하게 된다.

둘째, 흙으로 덮인 건축물의 두터운 외피는 태풍, 일사, 소음, 진동 등 외부의 재해로부터 보호해주며, 지하공간의 이용이라는 점에서 토지의 효율성을 높여준다.

셋째, 건물의 외피를 덮고 있는 흙은 단열재 역할과 축열 효과로 건물내의 온도를 일정 온도로 유지시켜주며 구조물의 수축 팽창을 줄여주는 효과도 있다.

다만, 습윤상태의 흙은 건조상태의 흙보다 열전도율이 크게 증가하는 점에 유의해야 한다. 특히 여름철 비가 많이 내릴 때에는 표면의 결로와 습기방지를 위한 대책이 필요하다.

House for Leo Castelli / East Hampton, U.S.A. / Emilio Ambasz / 1980

암바스는 자연을 끌어들여 추상화하고 이를 표현하려 하며 자연과 인공의 공존을 추구하려 한다. 이 계획안은 썬큰 중정을 통하여 환기가 되고 중정 주위에 실들이 면하여 있다. 커다란 남향의 창문은 충분한 햇빛을 받아들이며, 두터운 벽들은 열을 흡수하여 저장하는 환경친화적 성향을 나타낸 복토주택 계획안이다.

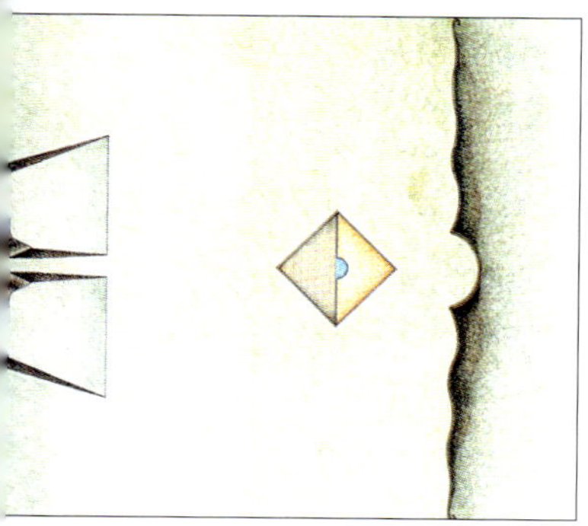

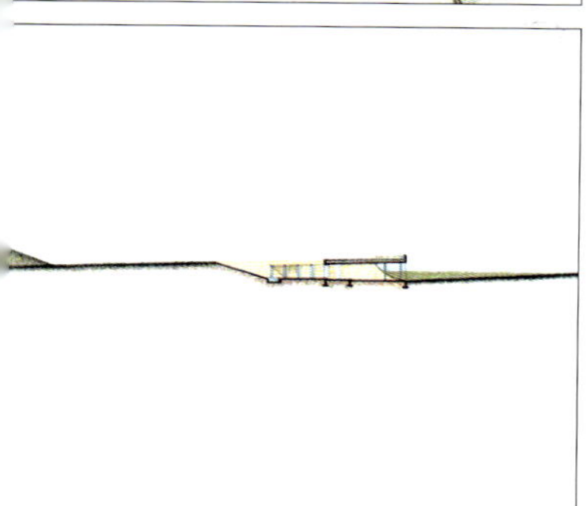

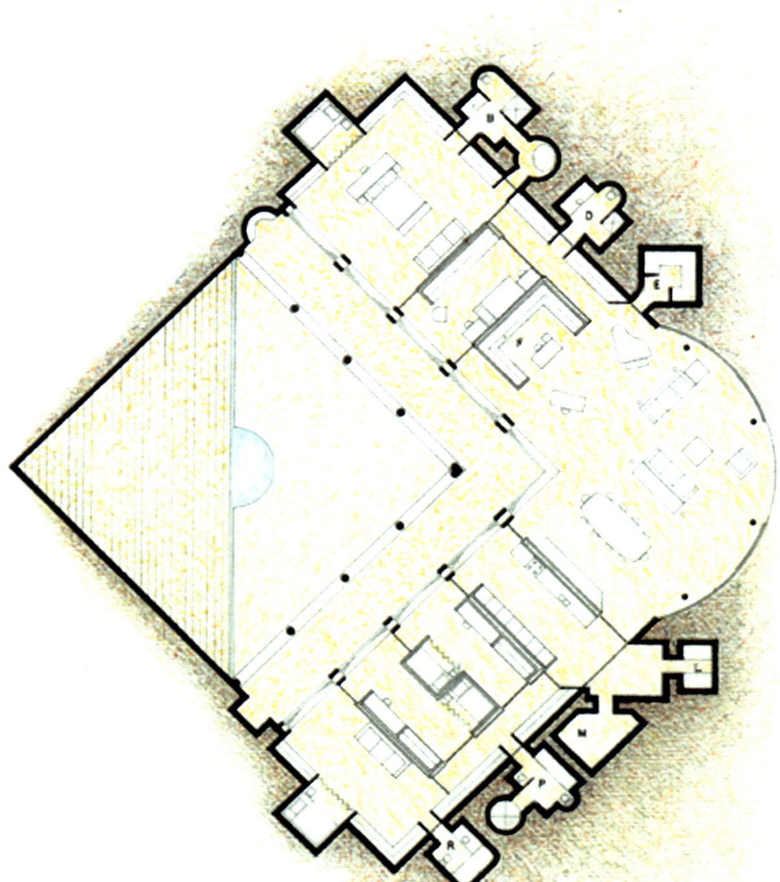

Hilltop House / Central Florida, U.S.A. / William Morgan / 1981

미국 플로리다 주에 있는 지형의 경사를 이용하여 설계한 복토주택으로 지상과 지하공간의 조화가 잘 되어있다. 이 계획안은 경사지에 썬큰가든을 두고 그 주위에 실을 배치하여 각 실의 창호를 면하여 출입, 채광, 환기를 해결한 복토주택 사례이다.

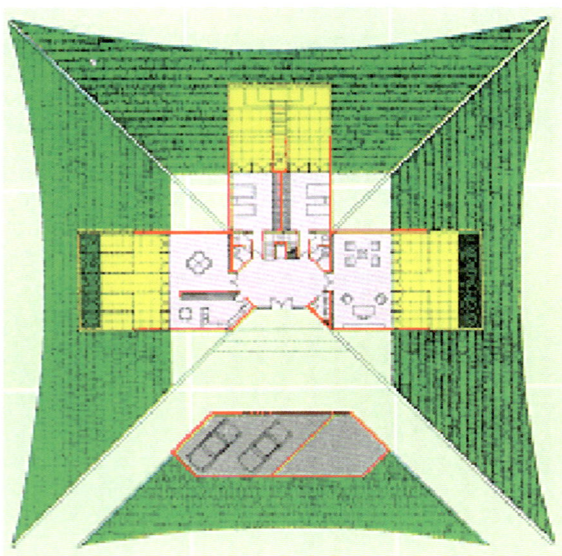

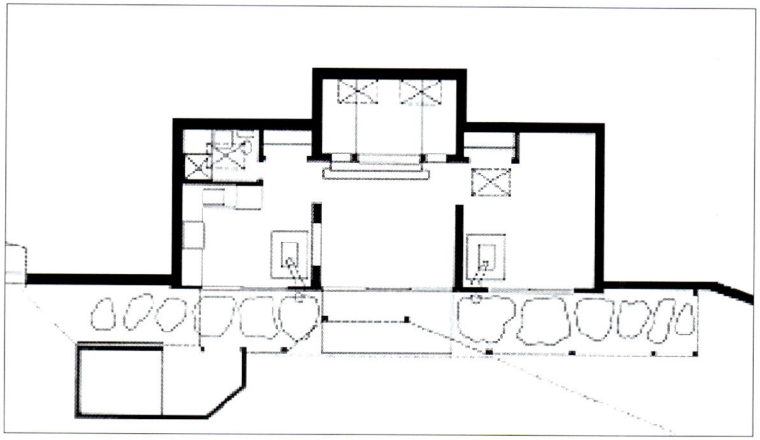

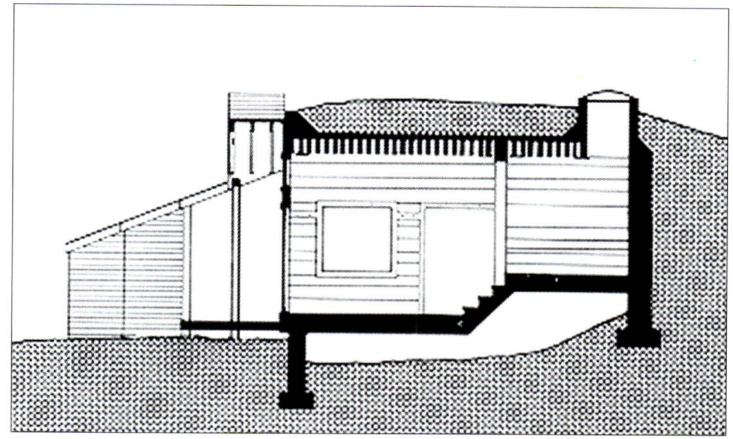

Crowell House / Vermont, U.S.A. / Mark Simon / 1983

이 복토주택은 완만한 경사지에 거실과 침실은 남측에 배치하여 난방, 채광, 냉방 효과가 크고 욕실, 화장실은 북쪽에 배치하여 에너지 효율을 높인 입면형 복토주택이다.

The Underground House / Great Ormside, UK / John Bodger / 2003

이 계획안은 복토주택의 가장 일반적인 형태로 건물 한면이 창으로 설치되고 나머지는 흙을 덮어 에너지 효율을 높일 수 있도록 한 입면형 복토주택 사례이다.

정읍시 복토 주택 / 정읍

이 복토주택은 흙과 돌을 이용하여 단열재 역할과 축열 효과로 건물내의 온도를 일정하게 유지시켜주고 있으며, 건물 한면이 창호로 설치되고 나머지는 흙을 덮어 에너지 효율을 높일 수 있는 입면형 복토주택이다.

정면

환기구

환기 및 채광용 창

Post-disaster Refugees House

5. 재난재해 구호주택

● 재난재해의 개념 ● 재난재해 구호주택 유형 ● 임시구호주택 ● 단기구호주택 ● 중장기구호주택

재난재해의 개념

과학의 발달로 인해 삶이 편안해진 현대사회에서 사람들은 안전한 생활을 하고 있다고 믿지만 그들 스스로가 구축한 일상들을 한 순간에 파괴시킬 수 있는 자연재해와 인위 재난의 공포에서 자유로울 수 없다. 재난, 재해가 일어 났을 때 가장 시급한 선결과제는 이재민들에게 필요한 식량과 거처를 제공하는 것이다. 임시거주 시설로는 단체수용이 가능한 학교, 종교시설, 공공청사 등 지역 시설을 이용하기도 하지만, 수용 가능한 시설마저 재해로 없어졌을 경우에는 비상용 텐트 또는 컨테이너가 주로 이용되고 있다. 그러나 공급효율의 기본적인 요건에서만 고려되어, 임시 구호주거가 공급됨에도 불구하고 입주하지 않거나 입주 후 잘 사용되지 않는 사례들이 있다. 이는 이재민의 사회 문화적 배경을 고려하지 않고 계획되어 제공되었기 때문이다

자연재해 (Natural Disasters)

자연재해는 홍수, 폭풍, 해일, 가뭄, 지진, 산사태, 산불 등과 같이 자연현상에서 기인한 재난으로 고전적 의미의 재난은 주로 자연재해를 지칭하였다. 자연재해는 축적된 시행착오 과정을 거처 재해의 발생경로가 알려져 있어서 재해의 발생을 통제할 수 는 없어도 피해를 완화시킬 수 있다는 특징이 있다. 그리고 자연재해는 그 원인과 결과의 다양성을 여러 가지로 분류할 수 있는데, 크게 보면 기상요인에 의한 기후재해와 지진, 화산활동 등에 의한 지질적 재난, 산사태와 염수토양 등 지형적 재해로 구분할 수 있다.

인위재난 (Man-made Disasters)

인위재난이란 인간의 부주의로 발생하는 사고재해와 고의적으로 자행되는 범죄성 재해 그리고 산업의 발달에 따라 부수되는 제반적 재난이다. 즉 테러, 폭동, 부실건축물의 붕괴, 방화, 난민 등에 의한 재난을 총칭하여 인위재난이라 할 수 있다

신속성

: 재난저해 구호주택의 신속한 공급을 위하여 현황 파악과 계획, 설계, 시공단계를 거쳐 입주단계까지 각 단계가 신속하게 이루어 져야 한다.

안전성

: 재난재해 복구시에 발생되는 심리적 불안감과 설치되는 공간 및 설비시설에 대한 안정성의 확보와 이재민 사용시의 전기 사고등에 대한 안전성을 확보해야 한다.

경제성

: 재료비, 경비, 유지비, 재이용 비용과 이재민의 구호주택으로 분양/임대 전환 시 저렴한 가격의 공급이 가능하여야 한다.

대량성

: 재난재해 발생시 수백, 수천명에 이르는 이재민의 수와 구호주택의 공급량을 맞추기 위해서는 대량의 생산과 소비를 할 수 있는 대량성을 가져야 한다.

첨단성

: 재난재해시 이재민의 발생에 의한 신속한 구호주택의 건설을 위해서는 계획단계부터 첨단 기술의 응용이 요구된다.

운반성

: 재난재해 구호주택에 있어 중요한 부분인 신속성에 정비례관계인 운반성은 구호주택의 건축적 요건에 포함되어야 한다.

친환경성

: 구호주택은 환경친화적인 재료와 재사용이 가능한 재료의 활용이 필요하다.

재난재해 구호주택 유형

재난재해 구호주택은 1970년대 부터 본격적으로 개발되어 제공 되어왔다. 인도 터키, 일본과 같이 빈번히 자연재해가 발생하는 국가들과 아프가니스탄, 이라크와 같은 잦은 분쟁과 전쟁지역에 제공 되어 왔다. 재난재해 구호주택은 재난재해 발생 이후 이재민을 위한 주택의 공급과 이재민 수용 기간에 따라 임시구호주택(Temporary Post-disaster Refugees House), 단기구호주택(Short-term Post-disaster Refugees House), 중장기구호주택(Long-term Post-disaster Refugees House)의 유형으로 분류할 수 있다.

임시구호주택의 유형에는 주로 텐트형태의 구호주택이 주를 이루며 단기 구호주택의 유형에는 컨테이너 형태와 복합재료를 이용한 형태 그리고 중장기 구호주택의 유형에는 경량철재와 목재를 이용한 모듈러 유닛형의 주택이 주를 이룬다.

임시구호주택 (Short-Term Post-disaster Refugees House)

Tent / Rwanda, Africa / Shigeru Ban / 1994

이 텐트는 1994년 봄 르완다 내전으로 인하여 발생한 200만 이상의 이재민을 위하여 제공되었다. 그러나 UN이 제공한 이재민 촌의 텐트로는 동아프리카의 기후적 특성으로 우기에 내리는 비와 습기를 막을 수 없는 한계가 있었다.

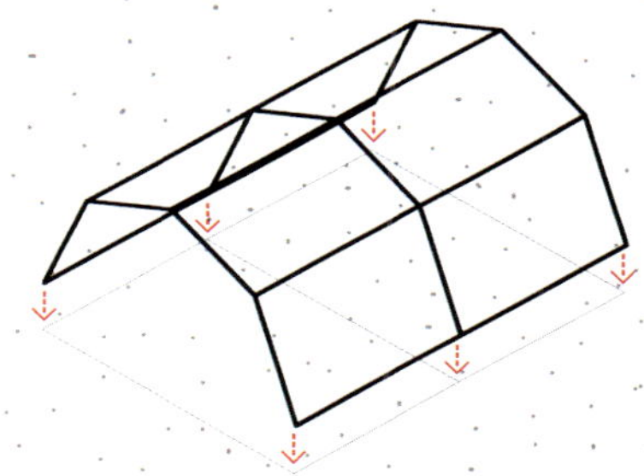

UNHCR's Shelter System / UK / Johns Moor University / 1993

이 쉘터시스템은 1993년 UNHCR(United Nation High Commision For Refugees)에서 난민들에게 단기간에 구호주택을 제공하기 위하여 영국의 리버풀 존스무어 대학의 건축과에서 텐트형의 프로토타입을 제시한 것으로 당시 100파운드의 생산비와 각기 다른 크기의 형태를 만들 수 있는 유형으로 지속적인 사용과 재활용이 가능하였고 운반이 용이하게 되었다.

Global Village Shelters / Tanzania, Brunei, Zaire / Weyerhaeuser.Inc / 1995~2005

이 임시 주택은 간단하게 조립되면서 비용도 저렴하다. 1995년 처음으로 프로토타입이 완성되어 2005년까지 지속적으로 재료와 디자인이 발전 되었다. 카드보드를 이용하여 접기와 펼침의 방법을 통하여 공간을 구성하도록 되어 있다. 약500~1,000개가 생산되어 난민들에게 공급되어 난민들의 생활에 도움이 되었다.

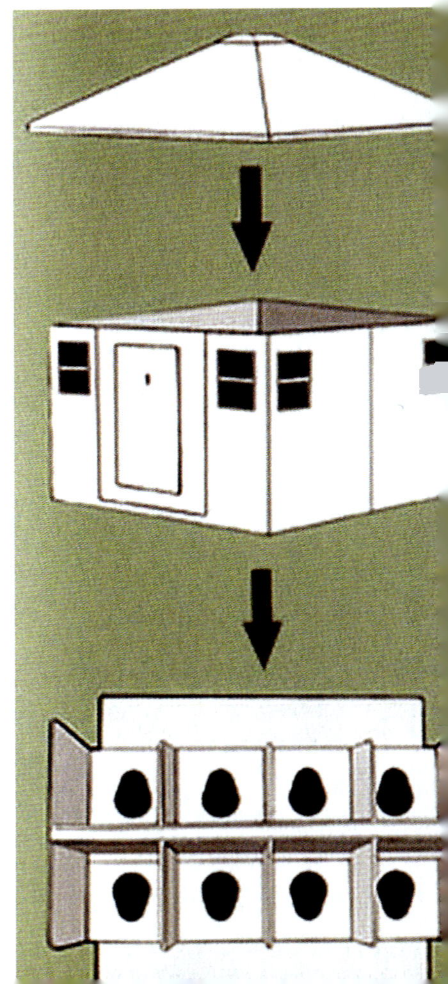

공중화장실로 응용한 예

Hexayurt / Nevada, U.S.A. / Vinay Gupta / 2003

헥사유르트는 한 사람이 임시적으로 머무를 수 있는 형태로서 카드보드와 반사섬유로 구성되어 있다. 카드보드는 구조체로서 지붕과 벽을 구성한다. 반사섬유는 외장재로서 사막과 같은 기후조건에서 직사광선을 막아 준다. 또한 태양 집열판을 이용하여 전기를 생산 공급해주는 설비적 특징을 가지고 있다.

Delivery Hydration Inflation Setting

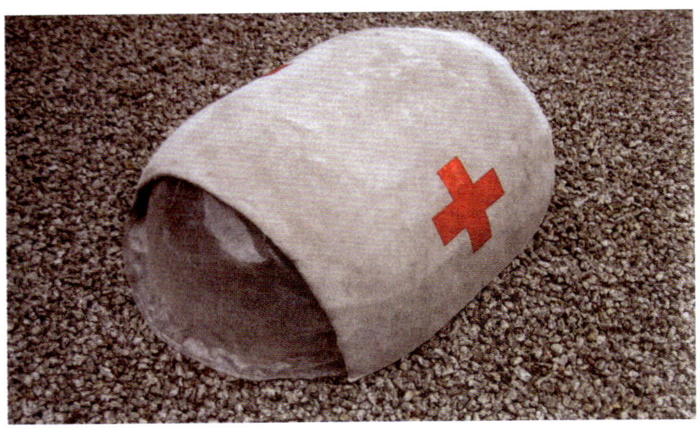

Concrete Canvas / UK / Peter Brewin, Willam Crawford / 2003~2004

영국군에서 아이디어를 낸 것으로서 시멘트 혼합물이 들어 있는 백(bag)에 물과 공기를 주입하여 돔 형태의 야전병원을 건설하는 계획안 이다. 기존의 합성수지가 아닌 시멘트를 이용하여 신속하고 견고한 임시건물을 만드는 디자인이다. 그러나 시멘트 혼합물이 들어 있는 백(bag)은 약 230kg이 된다는 단점이 있다. 보다 견고한 임시건물을 만들 수는 있지만 운반성에서 사람의 힘으로 감당할 수 없다는 단점이 있어 이 계획안은 현재 보완 발전되고 있다.

Deployable House / Venezuela / 1992

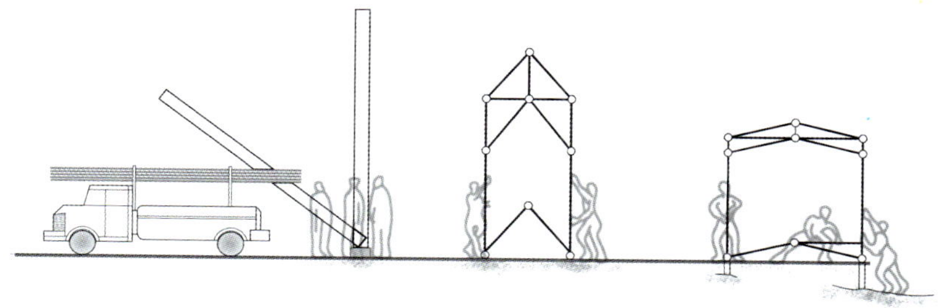

전개조립 되는 형태의 구조를 설치한 후 금속시트 지붕과 플로어 패널을 이용하여 위급 상황 시 대피할 수 있는 장소를 만드는 주택이다. 재난, 재해시 이재민을 위한 대피장소로도 이용될 수도 있고 누구나 쉽고 신속하게 설치될 수 있는 형태이다.

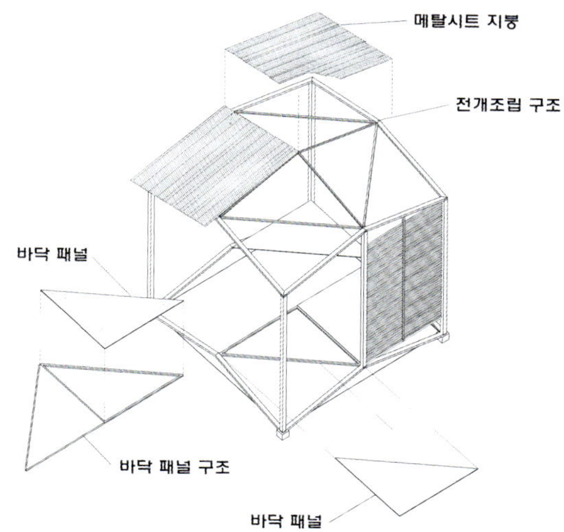

Tent House / New York, U.S.A. /Jeff Milstein / 1972

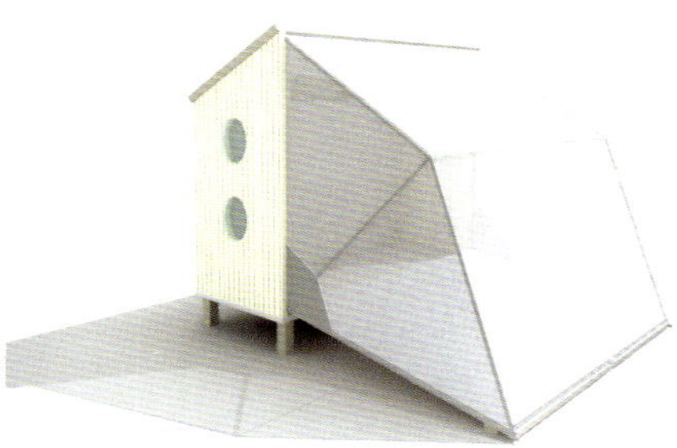

이 주택은 전개 조립형 주택으로서 가볍고 저렴한 나일론소재를 이용하여 공간확장을 하는 형태이다. 화장실을 포함한 고정 유닛과 공간 확장을 위해 가변성이 있는 나일론소재 활용하였다. 운반이 용이하고 장소의 제한을 받지 않는다는 것이 이 주택의 장점이다.

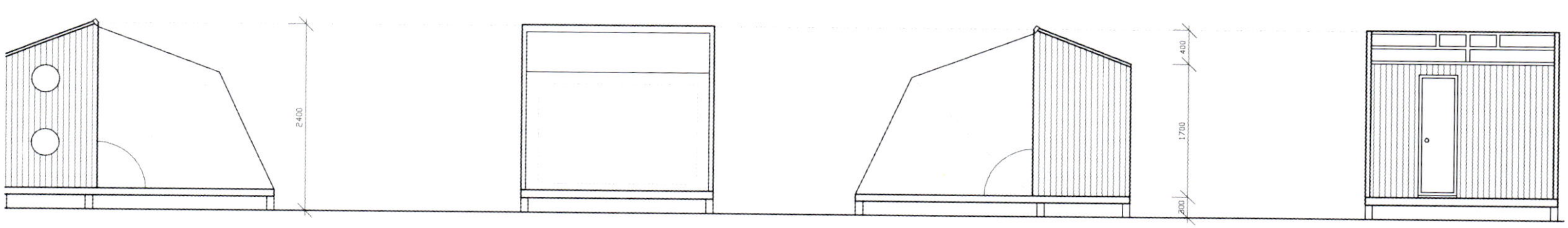

재난재해 구호주택 Post- disaster Refugees House

139 Shelter (unbuilt) / Ethiopia / Jan Kaplicky, David Nixon / 1989

이 계획안은 NASA에서도 인정한 계획안으로서 난민을 대량으로 수용할 수 있는 임시 수용 시설이다. 형태는 우산의 모양을 응용하였고, PVC 소재의 구조체와 폴리에스테르 재질의 반사 섬유로 되어 있다. 특히 지면에 모래주머니를 이용하여 고정 시키게 되어있다. 지상 운반의 신속함을 위해 구조체에 바퀴를 고정시켜 놓았으며 원거리 이동시 항공기를 이용하여 투하하는 형태로도 응용이 가능하다.

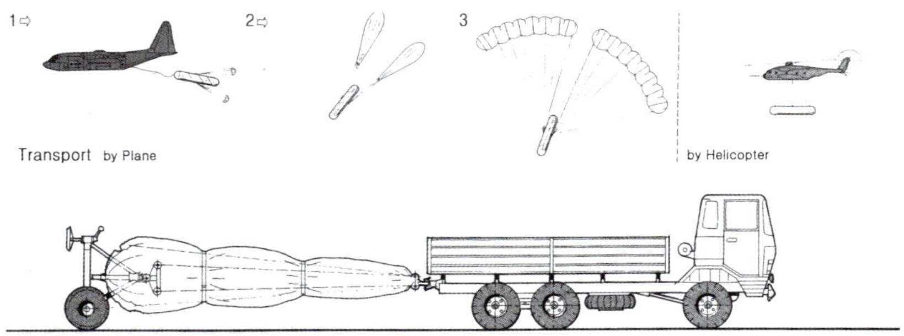

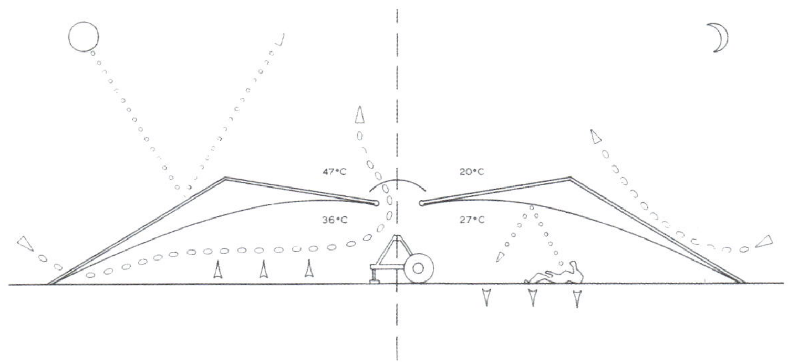

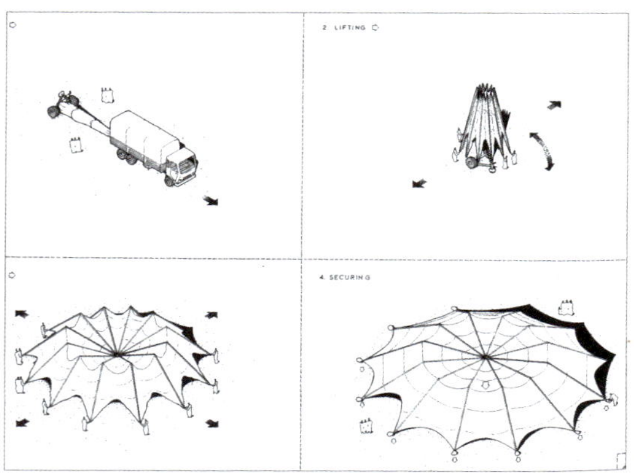

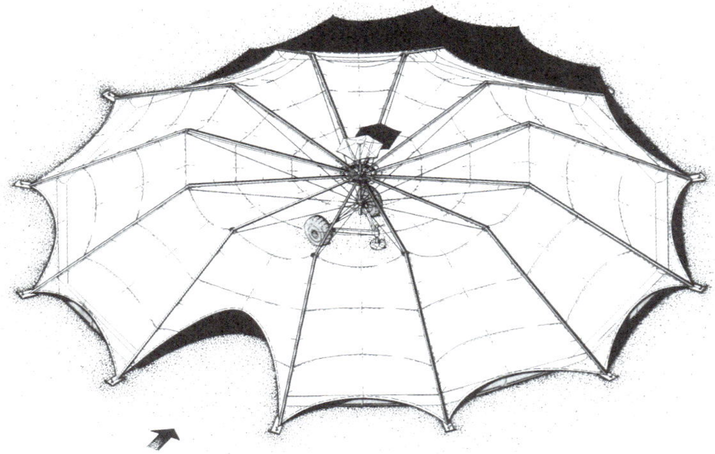

Para Site / New York, U.S.A. / Micheal Rakowitz / 1998

뉴욕의 심각한 노숙자 문제를 해결하기 위하여 개발된 이 시스템은 폴리에스테르계 비닐을 이용하여 만든 임시거처이다. 환풍기 바람을 이용하여 공간을 형성하고, 간단한 비닐백 형태로 운반할 수 있는 1인용 텐트와 같은 구조이다.

Snow House / Alps, Swiss / 2004

지오데식돔 형태의 경량 트러스 임시주택이다. 적설하중을 견딜 수 있도록 설계된 트러스와 단열성이 뛰어난 막을 활용하여 구성하는 임시 주택의 형태로 내부에 난방 장치와 가구들을 배치할 수 있도록 계획 되었다.

Pipe Residence / Rintz Ottensheim, Austria / Andreas Strauss / 2005

파이프 호텔은 디자이너가 여행을 하면서 만났던 여행자들의 경험과 자신의 여행스타일을 토대로 주요 여행지와 도심지 가까운 곳에 여행자의 편의를 도울 수 있는 숙소가 필요하다고 생각하여 고안하였다.일반적인 토목공사에 쓰이는 파이프를 이용하여 내부에 침실을 구성하고 통풍을 위한 천창을 설치하였다. 그러나 난방 장치는 설치할 수 없어 겨울에는 사용하지 못한다.

텐트 / 강원도 / 소방방재청 / 2002

텐트는 군대에서 병력이 임시적으로 머무를 수 있는 아주 신속한 임시주택의 형태이다. 2002년 태풍 루사로 인해 주택을 잃거나 침수 피해 때문에 생활터전을 잃은 이재민들을 응급 대피 시키기 위해 군대에서 지원되었다.

Pop-up Deployable System Plan / Inha University, Korea / Iasef Md Rian & Jin-Ho Park / 2006

이 프로젝트는 여러 재난재해지역의 필요에 따라 신속하고도 융통성 있게 대응할 수 있는 임시 구호주거로 기하학적 탄력성을 응용한 종이접기식 전개조립 계획안이다. 기본 주거형태 이외에, 지역적 특성 및 사용인원에 따라 다양한 변형 및 조합이 가능하며 재난재해지역 어디든지 이동이 용이하며 누구나도쉽게 조립할 수 있는 구조시스템이다. 전개조립방식으론 접이식, 개폐식, 가위식 등의 3가지의 기본 방식을 사용하였다.

접이식

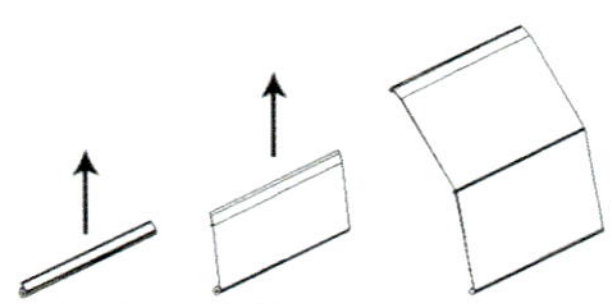

a

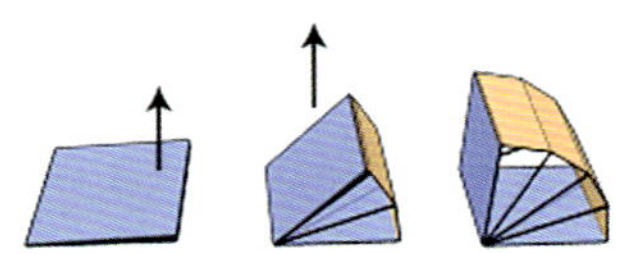

b

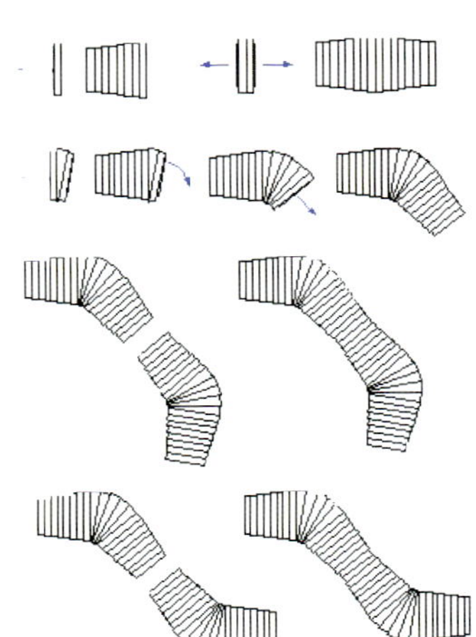

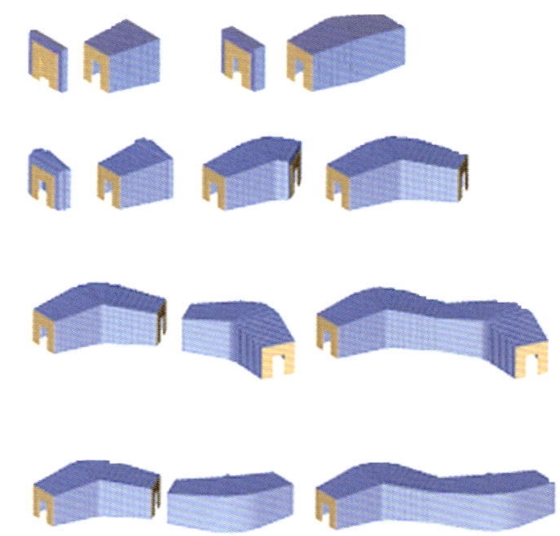

개폐식

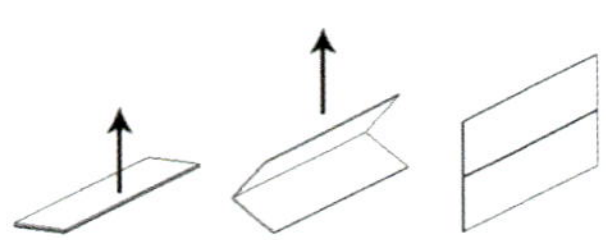

a

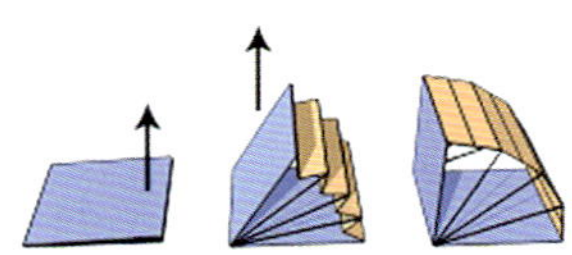

b

확장 가변형

가위식

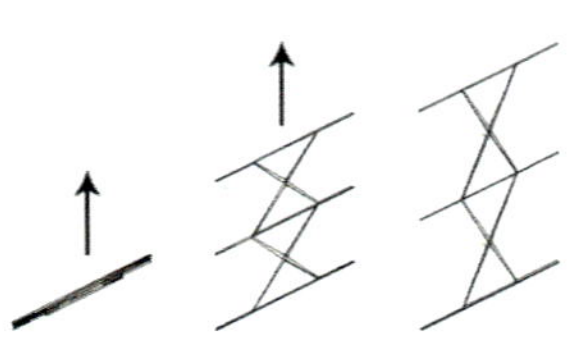

a

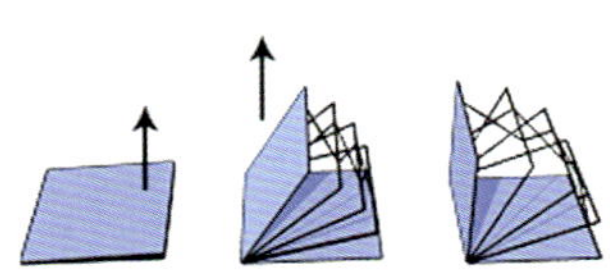

b

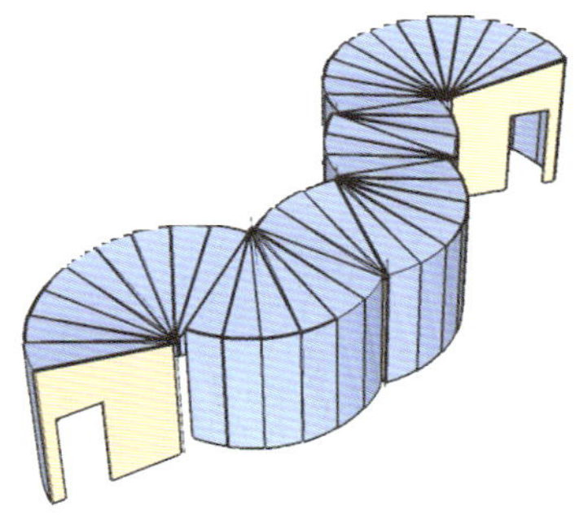
a

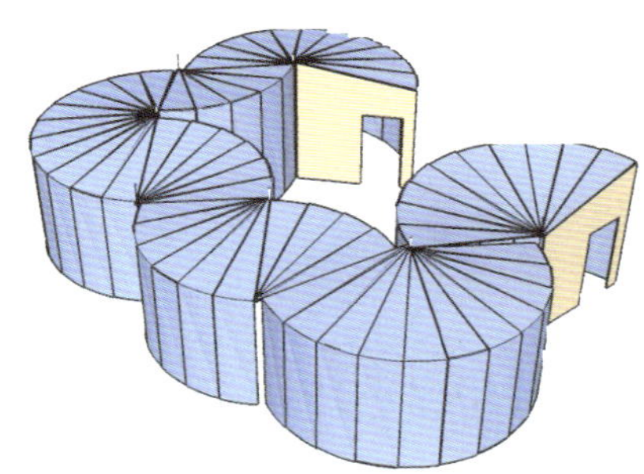
b

단기구호주택 (Short-term Post-disaster Refugees House)

Dome / Kutahya Gediz, Turkey / Bayer / 1970

1970년, 터키에서는 1만5채의 집이 피해를 입고 2개 소도시 3백여개 부락까지 영향을 끼친 대규모의 지진이 발생하였다. 독일의 바이에르(Bayer)사에서는 이재민을 위하여 돔 형태인 구호주택을 무상으로 기증 하였다.

Igloo / Managua, Nicaragua / Bayer / 1972

1972년 니카라구아 마나과에 진도 6.2의 지진으로 5,000명이 사망하고 건물의 80%가 붕괴되었다. 독일의 바이에르(Bayer)사가 계획하고 적십자사가 개발하여 이글루(Igloo)라는 폴리우레탄 돔을 피해지역에 기증하였다. 이글루는 강화유리, 폴리우레탄, 절연체 그리고 가스켓을 이용하여 현장에서 조립된다. 패널 자체는 조립하기 용이하도록 사전에 나사구멍을 미리 시공하며, 패널에는 녹방지 나일론 너트와 볼트 그리고 방수 가스켓이 부착되어 있어 내구성이 좋은 것이장점이다.

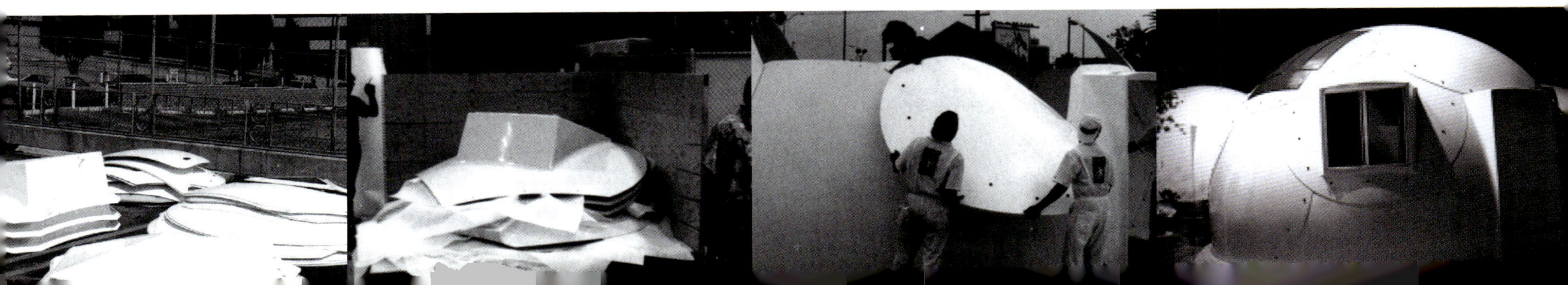

Cal-Earth / Iran / Nader Khalili / 1984

이 주택 시스템은 미우주항공국 NASA에서 계획중인 달과 화성 정착 프로그램의 일원으로 계획되었다. 플라스틱 백(bag)에 흙을 채워 돔 형태로 쌓는 방법으로 내부는 방수재 외부는 진흙으로 마감하였다. 이 주택은 이란의 전쟁 난민들을 위해서 처음으로 15채가 만들어 졌다.

Paper Log House/ Bhuj Gujarat, India / Shigeru Ban / 2001

2001년 인도서부지방 (Bhuj, Gujarat)에서 인도 역사상 최악의 강도 7.9의 지진이 발생하였다. 2만명 이상이 사망하였으며, 60만명 이상의 생존자는 삶의 터전을 잃어버렸다. 사업가인 Ms. Neeta Premchand의 제안으로 일본 건축가 Shigeru Ban이 20개의 구호주거를 만들었다. 3.2m × 4.9m의 공간에 종이튜브를 벽체로 사용하고 폐허의 벽돌조각과 음료수 박스를 기초로 활용하고 마루표면은 전통적인 진흙 바닥으로 마무리 하였다. 지붕은 대나무 줄기와 방수천이 교차하여 층을 이루어 외부환경으로부터 보호된다.

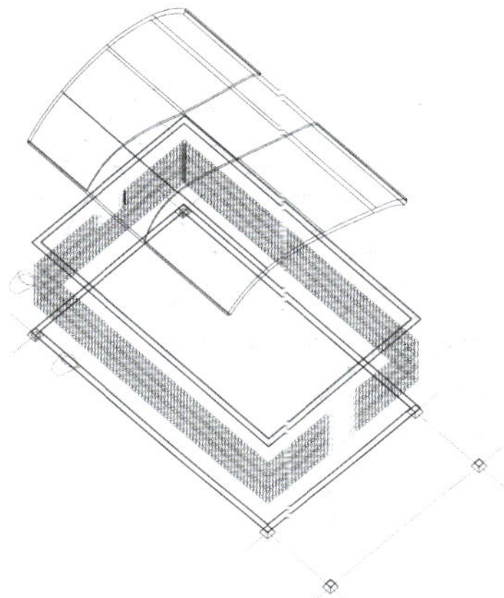

엑소노메트릭

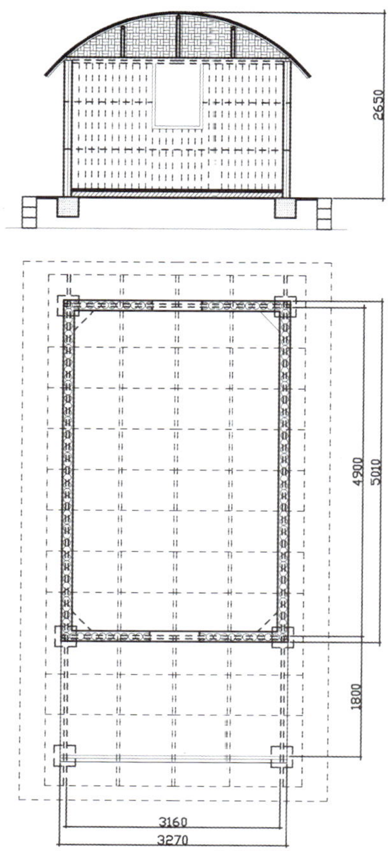

평면 및 단면

컨테이너 주택 / 강원도 / 소방방재청 / 2005

2005년 4월 4일 강원 영동지역에 건조주의보와 강풍주의보가 내려진 가운데 양양읍 파이리 도로변 야산을 발화점으로 시작하여 강원도 일대에 대규모 산불이 발생하였다. 산불진화 후 이재민들에게 지급된 컨테이너형 구호주거는 3m x 6m 의 크기이며 1가구 1동의 컨테이너형 구호주택이 지원되었다.

Container & Pallet Type Plan / Inha University, Korea / Jong-Min Seo / 2006

컨테이너와 팔레트를 이용한 구호주택 계획안이다. 컨테이너를 이송하여 설치하게 되면 구조적으로 안정된 공간을 형성하게 되며 컨테이너의 벽면을 개방하여 연결부재를 이용한 팔레트를 사용하여 공간의 확장을 용이하게 할 수 있다.

모듈러(Modular)

: 재난재해 주택은 운송 및 공간의 변형을 위해 모듈화는 필수요소이다.

컨테이너 = 팔레트 × 2

경제성(Economic)

: 재난재해 주택은 경제적이어야 한다. 재난재해 주택은 새로운 것을 만드는 것이 아닌 기존의 아이템을 재 사용할 수 있어야 한다.

가변성(Flexible)

: 이재민을 위한 구조로서 재난 지역의 주변환경이나 이재민의 인원수에 따라 형태의 변형이 자유로워야 한다.

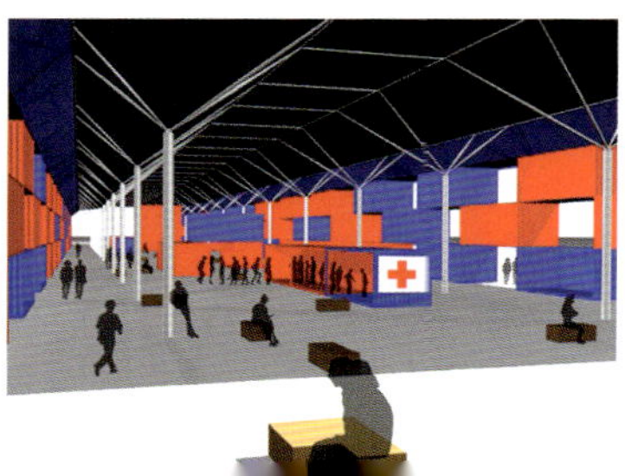

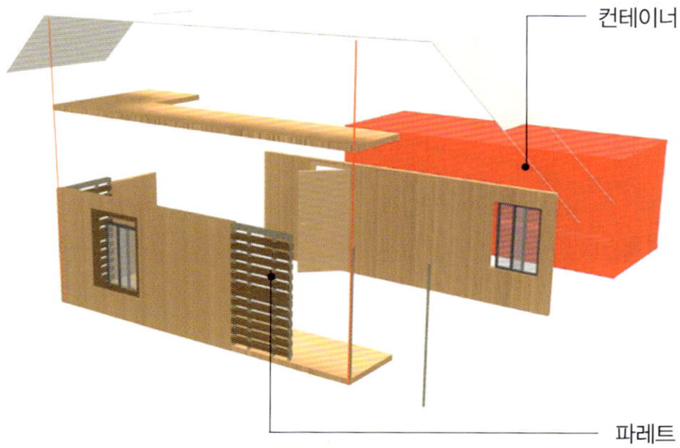

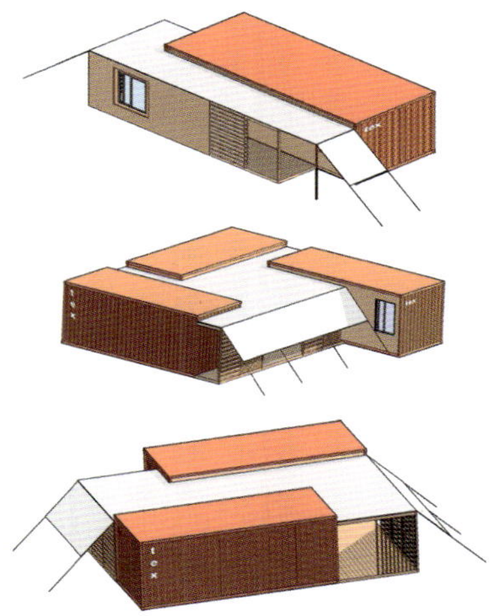

중장기구호주택 (Long-term Post-disaster Refugees House)

Light Weight Wooden Structure House / Montserrat, Spain / Coventry University, UK / 1995

Spain Montserrat에서 응용된 목구조 주거형태는 시멘트보드와 MDF로 구성된 샌드위치 패널을 이용하고, 목구조 트러스와 금속 지붕시트로 구성되었다.

Modular House / Montserrat, Spain /Coventry University, UK /1995

유닛 부품군을 현장으로 운반하여 조립한 이 모듈러 주택은 1995년 Spain Montserrat산의 화산분출의 피해로 발생한 이재민을 위하여 제공되었다.

Space Box / Delft, The Netherlands / Space Box Company / 2004

경량구조의 유닛화 된 주거로서 재난재해시의 단기적인 구호주거로 활용이 가능한 형태이다. 2004년 네덜란드 델프트 공대의 기숙사에 활용된 스페이스 박스는 3m × 6.5m × 2.8m 크기의 유닛을 조합하여 'StelCon' 이라는 콘크리트 구조체로 만들어졌다.

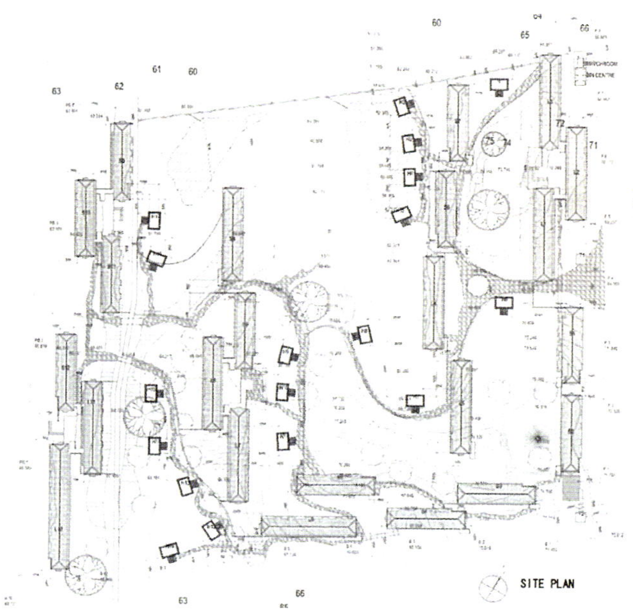

Post Tsunami Village Plan / Indonesia / Joseph Ee Man Lim / 2006

IAAC (Institute for Advanced Architecture of Catalonia)에서 공모한 계획 안의 하나로서 인도네시아에서 발생한 쓰나미 이재민들을 위한 계획안이다. 현지에서 쉽게 공급받을 수 있는 목재를 이용하여 이재민 주택단지를 조성하는 계획안이다.

모듈러 유닛형 구호주택 계획안 / 포항산업과학연구원 / 2002

모듈러 유닛형은 재난재해시 이재민을 위한 주거를 단기간에 제공할 수 있다는 장점과 콘테이너박스형이 아닌 보다 쾌적한 주거공간을 제공한다는 의의를 가진다. 모듈러 유닛의 기둥은 각형강관 부재로 기둥의 상하부 단부에는 플레이트를 용접함으로써, 인접 모듈과의 접합이 가능하도록 하였다. 바닥판은 조이스트와 CPB(Cement Paticle Board)를 이용하거나 중공 PC판을 사용하여 완전 건식으로 구성하였다.

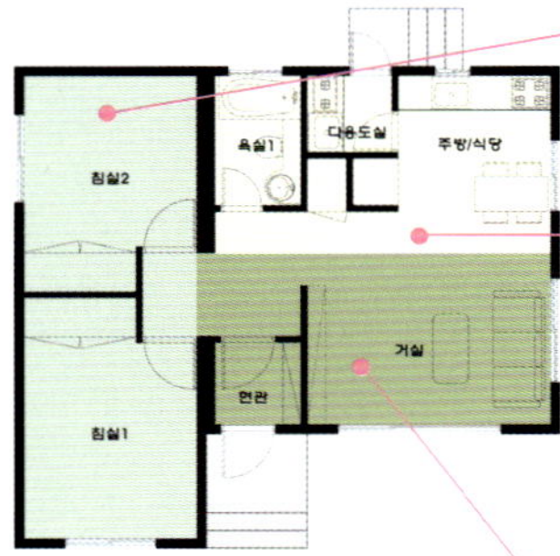

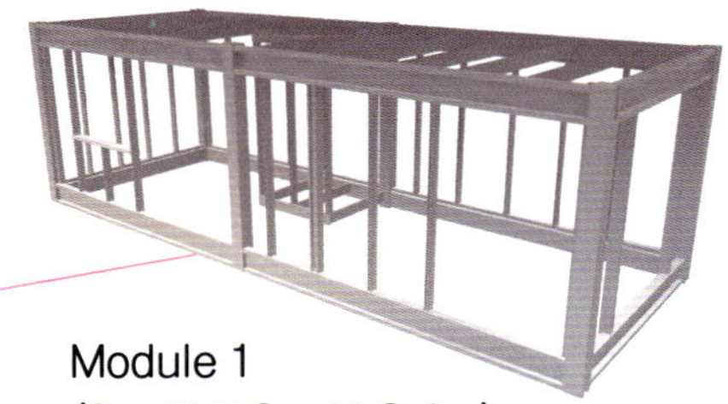

Module 1
(3m × 7,8m × 2,4m)

Module 2
(3m × 3.6m × 2.4m)

Module 3
(3m × 3.6m × 2.4m)

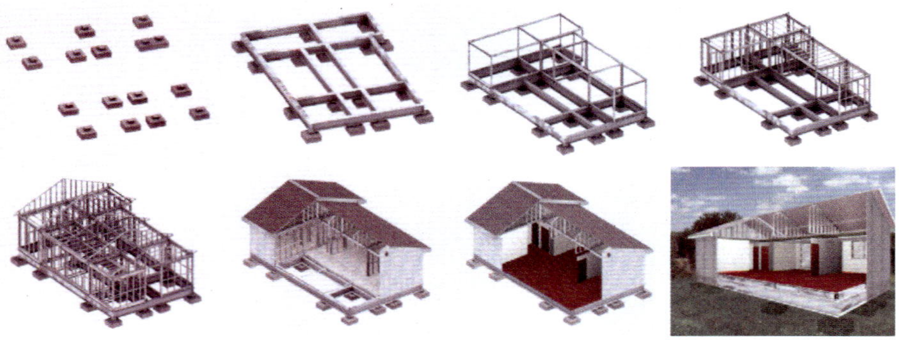

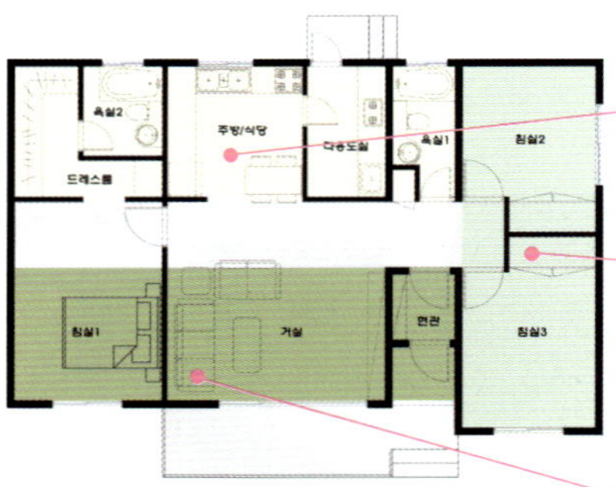

Module 1
(3m × 9.9m × 2.4m)

Module 2
(3m × 7.8m × 2.4m)

Module 3
(3m × 9.9m × 2.4m)

컨테이너 조합 안 / Inha University, Korea / Kang-Bok Lee / 2004

컨테이너 적층 및 조합형은 협소한 부지에 다수의 공급할 수 있도록 계획하였다. 적층형은 컨테이너를 구조체에 삽입하는 형태이고 컨테이너 조합형은 물을 쓰는 장소에 따라 설비적 문제를 해결하기 위한 형태이다.

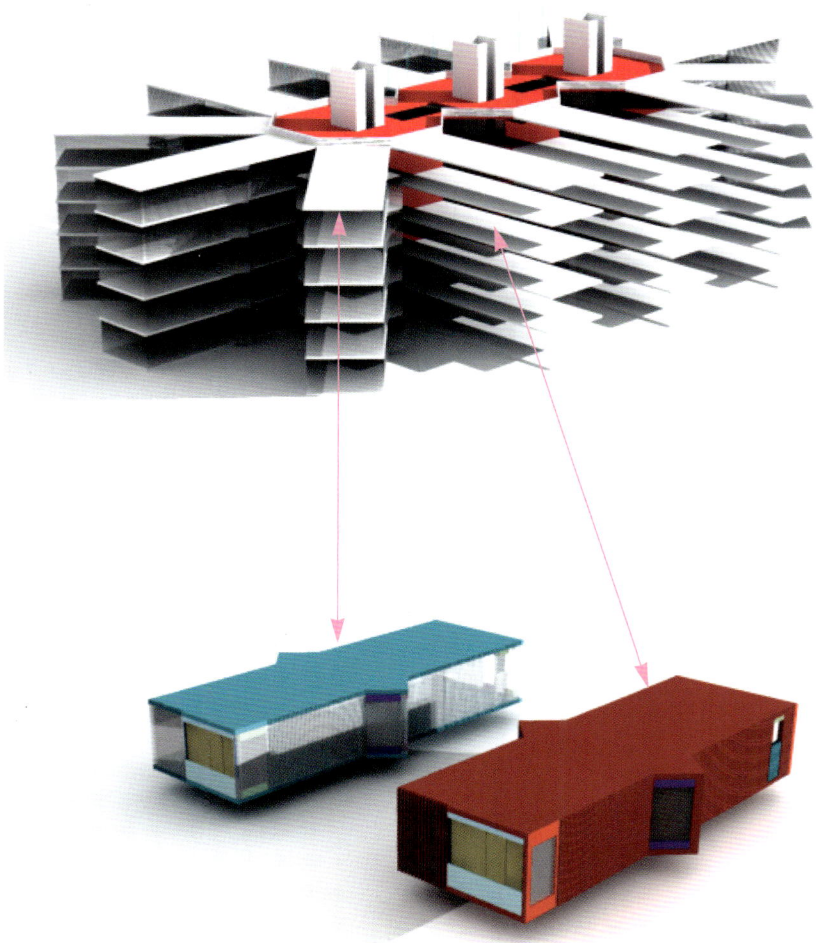

적층형

: 최고 5개층으로 조합되는 단위 유닛

컨테이너 조합형

: 수평적 조합형태로서 Dry Zone과 Wet Zone으로 분리 조합한 형태

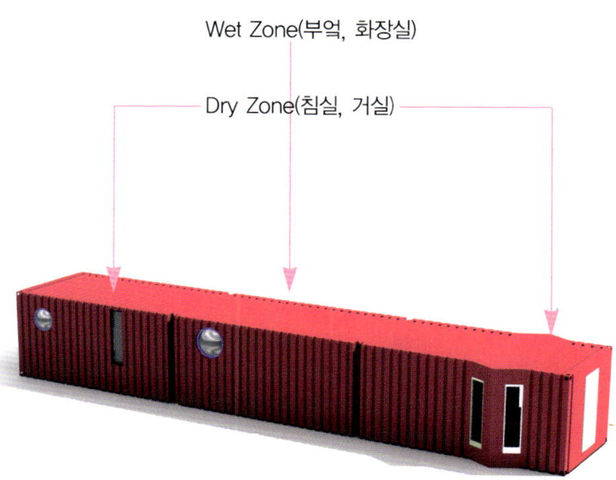

모듈러 유닛형 계획안 / Inha University, Korea / Ki-Hyung Kim / 2005

이재민의 대상계층에 따른 임시주거의 단위 평면을 계획함에 있어 최소 실수와 규모별 실구성, 실별 최소규모 등이 고려되어야 한다. 이재민의 최소 실규모를 고려하여 계획에 반영하였다. 구조는 경량 형강 유닛으로 되어 있으며 벽체는 양면 강판 샌드위치 패널로 구성되어 있다.

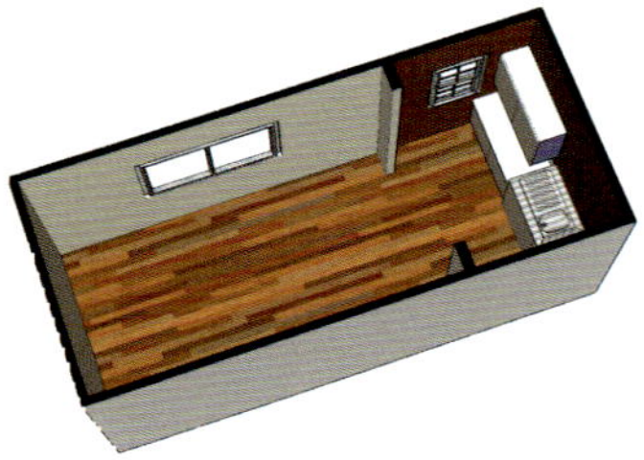

Unit 1
2.4m × 5.4m × 2.6m

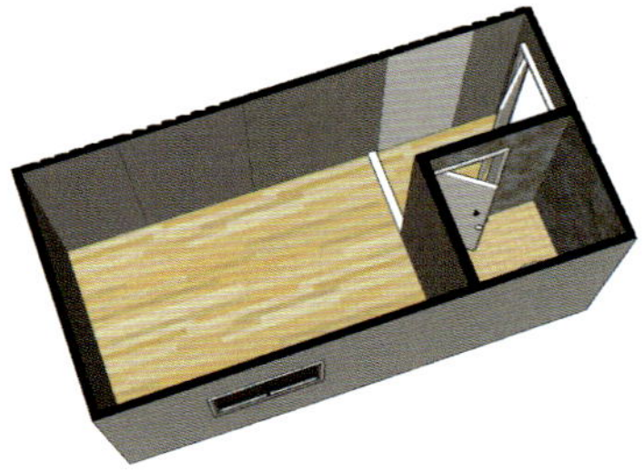

Unit 2
2.7m × 5.4m × 2.6m

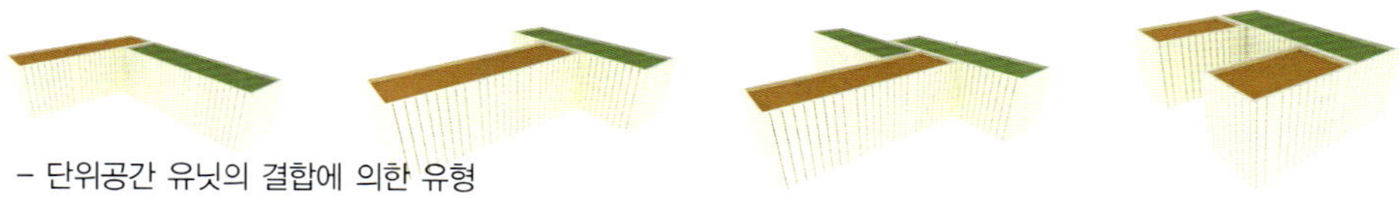

– 단위공간 유닛의 결합에 의한 유형

– 단위공간 유닛의 전개에 의한 유형

– 단위공간 유닛의 삽입/적출에 의한 유형

– 단위공간 유닛의 분할전개에 의한 유형

– 단위공간 유닛의 접기에 의한 유형

모듈러 유닛형 재난재해 구호주택의 유형은 유닛의 결합, 전개, 삽입과 적출, 분할 전개 이고 접기에 의한 유형으로도 응용될 수 있다. 주택의 생활 최소 면적 기준을 기초로한 유닛을 바닥, 벽, 그리고 천정으로 구성된 가장 기본적인 형태에서 시작한다.

임시, 단기 및 중장기 구호주택유형의 배치는 재난,재해 시 확보할 수 있는 대지의 형태에 따라 다양한 배치의 형태가 나올 수 있다. 임시구호주턱, 단기구호주택, 중장기 구호주거의 형태는 재난재해의 시점에서 신속하게 대응할 수 있는 형태로서 배치되어야 한다.임시구호주택은 추후 확장이 가능한 형태, 단기구호주택 및 중장기 구호주택은 이재민의 공용공간과 단지계획적인 관점에서 배치가 이루어져야 한다.

임시구호주택

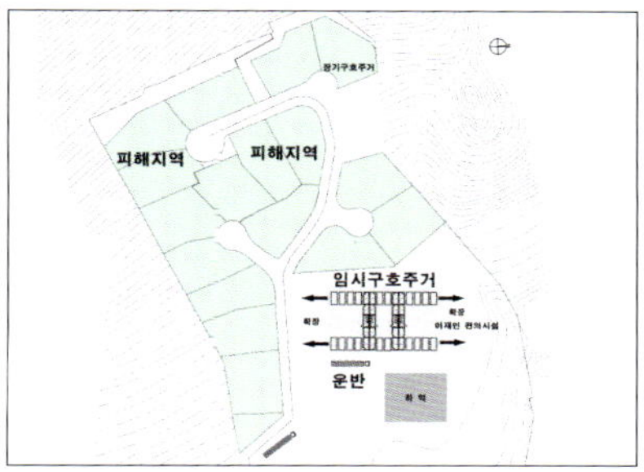

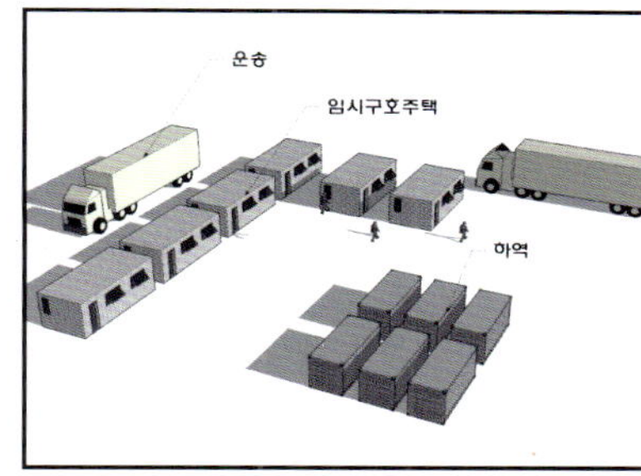

단기구호주택

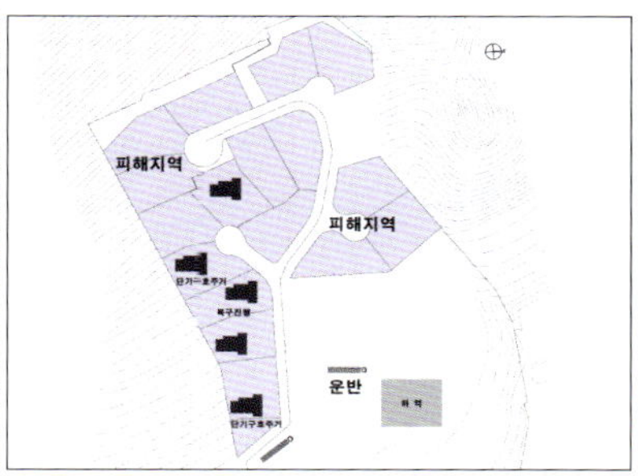

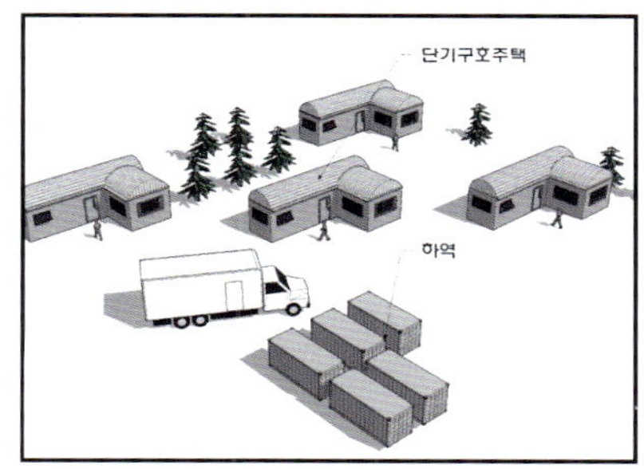

중장기구호주택

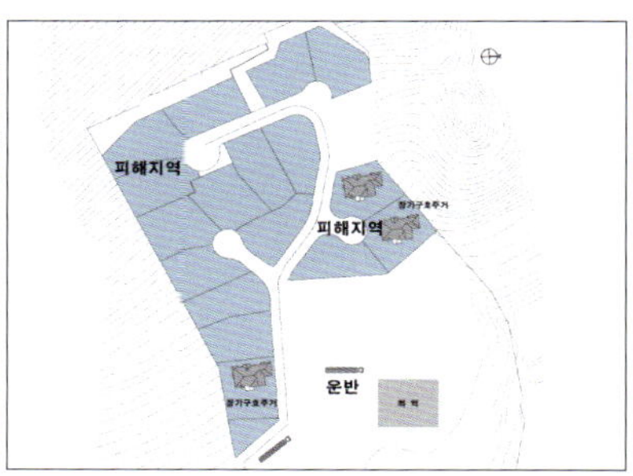

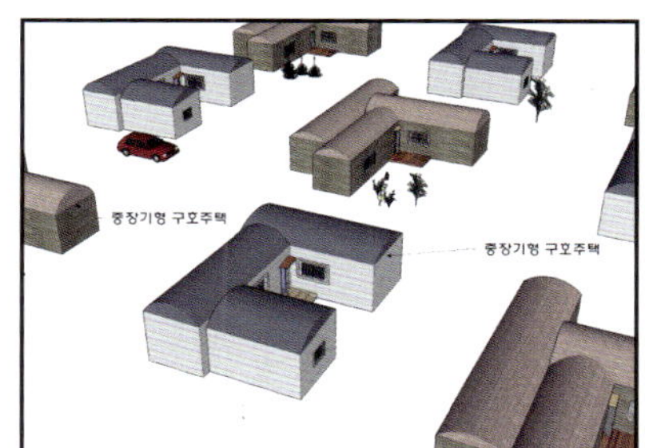

6. 미래 주택

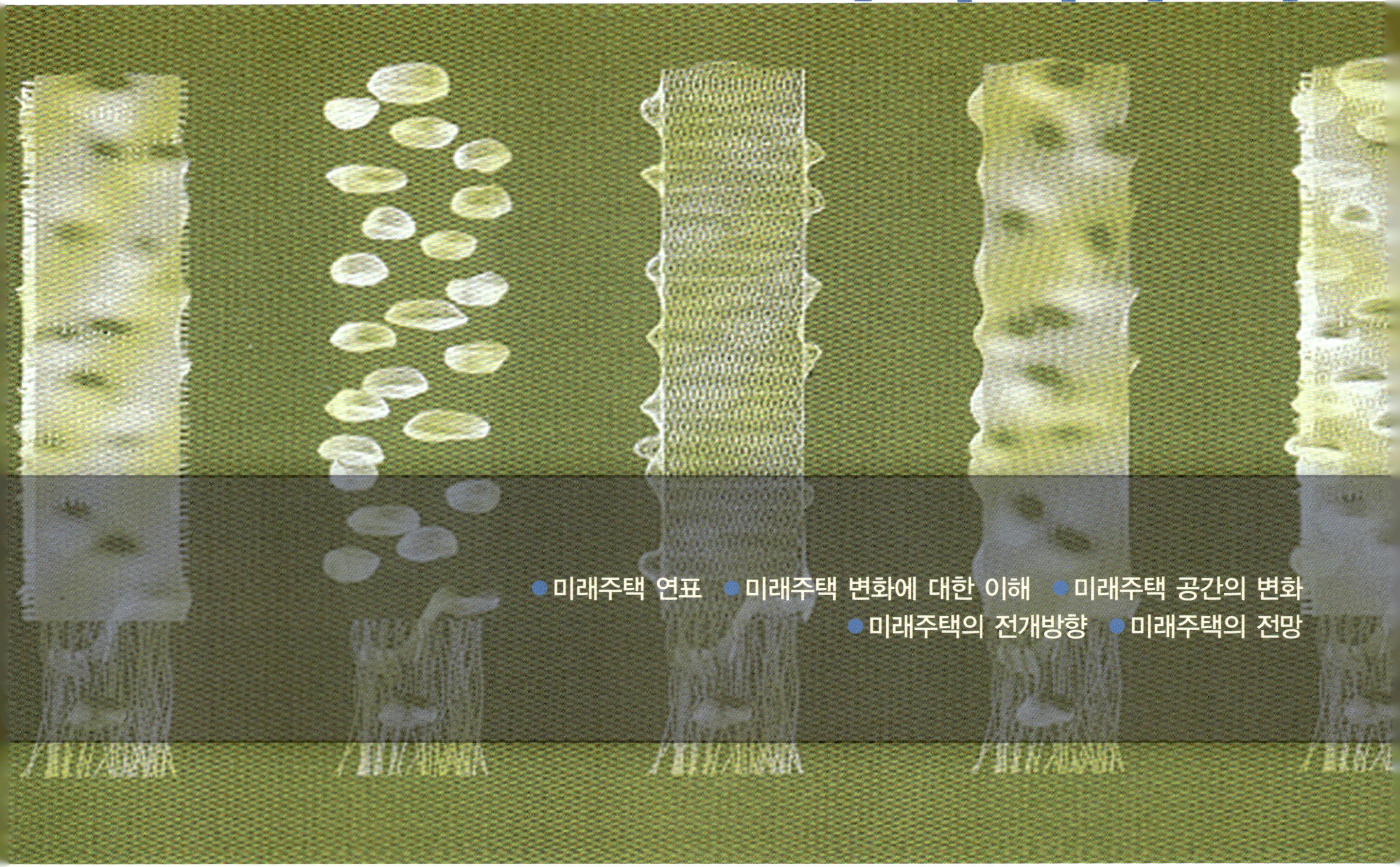

- 미래주택 연표
- 미래주택 변화에 대한 이해
- 미래주택 공간의 변화
- 미래주택의 전개방향
- 미래주택의 전망

정보화로 대변되는 미래사회는 인류에게 지금까지와는 다른 생활양식을 요구할 것이다. 앞으로의 시대는 다양성이 공존하는 다원화 시대가 될 것이다.

주택의 경우에도 이러한 경향에서 예외일 수 없으며, 보다 다양한 생활양식이 공존하고 이에 부응하는 다양한 주택들이 공존해 나갈 것이다.

또한 경제력의 중심은 막대한 자본의 부와 생산수단을 장악하고 있는 자본가 계층에서 창의력에 기반한 정보/지식 중심으로 이동할 것이다.

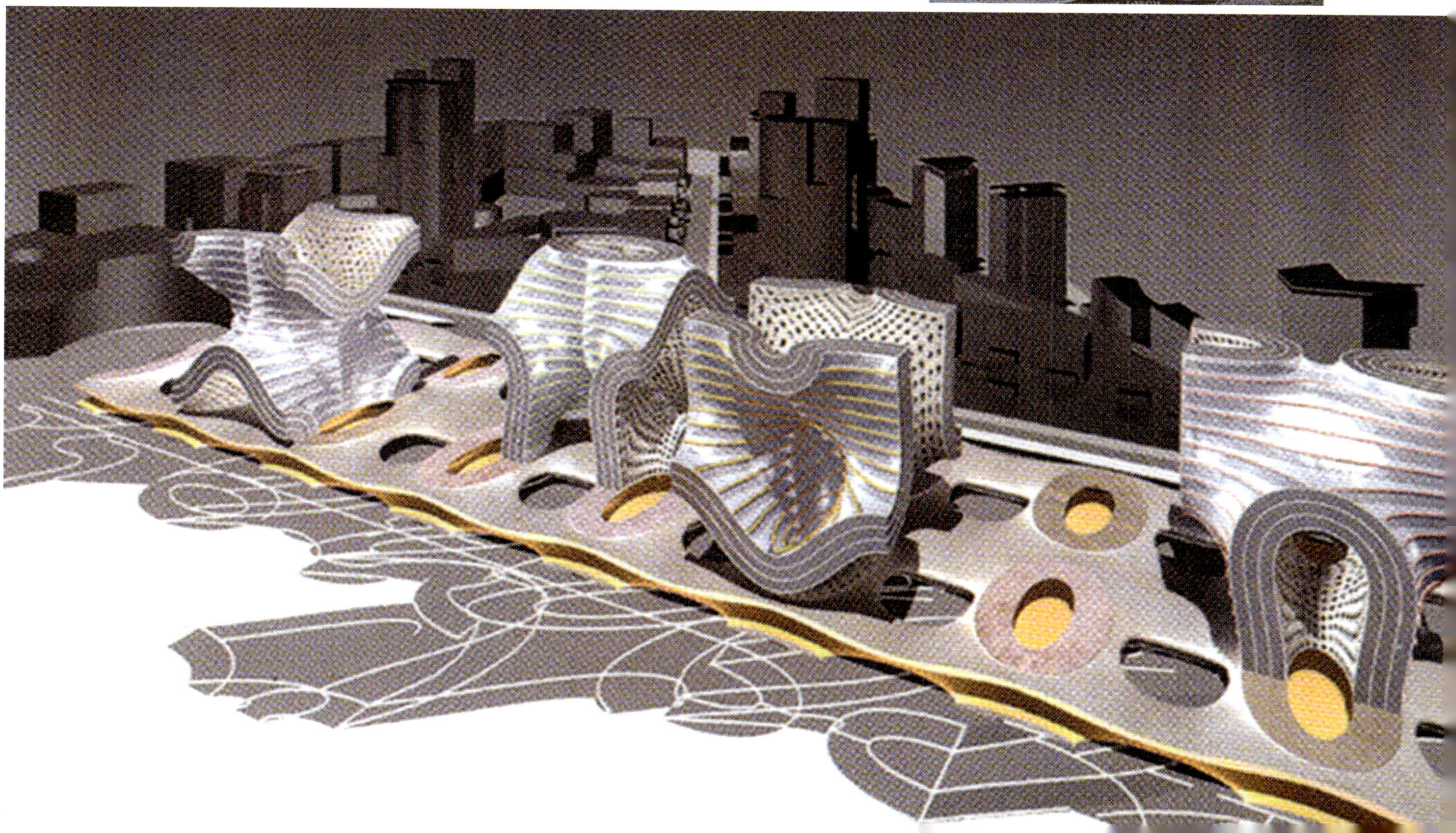

미래주택 연표

인간의 앞날을 그려본다는 것은 인간의 전 역사를 두고 되풀이하여 온 일 중의 하나이다. 우리는 어떤 미래에 살게 될 것인가? 라는 의문은 인간의 불확실한 미래에 대한 불안, 알 수 없는 앞날에 대한 막연한 불안감 등이 작용하는 경우도 있을 것이다. 다른 측면으로는 인간의 미래에 대한 낙관적 견해를 가지고 앞으로 어떤 미래를 펼쳐갈 것인가를 유도해 나가려는, 보다 나은 미래를 만들어 가려는 능동적 사고도 작용하고 있다고 볼 수 있을 것이다. 이에 따라 여기에서는 예전부터 제시되었던 미래주택에 대한 계획안으로 메타볼리즘, 아키그램, 미래파, 찰스 젱크스, 피터블레이크, 세계미래학회 등의 제안내용을 연대별로 검토하고 세계미래회의 델파이 방법 연구결과를 참조하여 2008년부터 2030년까지 대표적으로 제시된 미래주택의 경향을 정리하였다.

메타볼리즘(Metabolism,1960년대)

Yamanashi Center

Metabolism은 도시나 건축은 군화(群化)와 성장의 과정으로 결합, 효율, 자극의 반응에 의해 전개된다는 가정으로 출발하였다.
이 이론은 현대사회의 혼란과 복합적 양상에서의 탈피를 위해 도시와 건축에 질서를 부여한 시스템의 고안을 생각하게 되었으며, 가장 완벽한 신진대사 시스템을 지닌 것이 생명체라는데 착안하여 생명체의 신진대사 시스템을 도시와 건축에 적용하였다.

Shizuoka Press And Broadcasting Center

아키그램(Archigram,1961~1974년)

Plug-in City

아키그램은 '건축의 고리타분함과 지루함을 거부한다' 는 모토로 창작, 토론, 전시, 출판등의 활동을 통해 실험적 생각을 펼쳤던 영국의 건축가 그룹이다. 피터 쿡, 데니스 크롬든, 마이크 웹 데이비드 그린, 론 헤론, 위렌 초크 등 항상 새로운 가능성을 모색하는 이들은 같은 이름의 잡지를 발행하면서 이즘과 스타일의 무게에 억눌린 당시의 건축문화에 통쾌한 반란을 꾀했다.

Monte-carlo Project

Walking City in New York

Avenue Princess Grace

미래파(Futurist,1900년대)

Sant' Ila, 미래주택

이탈리아의 폭발적인 산업화과정에도 불구하고 당시의 고전주의나 아르누보 양식이 지배적이었던 건축계와 문화환경에 대한 반발로 탄생하였다.
세기말의 퇴폐적이고 상징적인 부르주아적 예술에 대한 반작용으로 형성되어 반자연, 순수조형을 지향한 운동 중 하나로서 시작하였다.
미래나 예술에 있어서 새로운 사상에 역점을 두고 있으며 후에 러시아 구성주의, 하이테크 건축등에 영향을 주었다.

야콥 에르니코프 환상건축

Sant'Ila, 신도시계획안

찰스젱크스(Charles Jencks, 1970년대)

근대건축이 추구한 단순성과 순수성의 허구를 지적하면서 역사성과 문화가 반영된 복합성과 다양성의 내포한 축이 새로운 시대의 건축이 되어야 한다고 역설한 저서 '건축의 복합성과 대립성'은 큰 반향을 일으키며 포스트모던 건축가들에게 이론적 근거를 제공.

피터 블레이크(Peter Blake, 1960년대)

그가 제시한 근대 건축의 환상은 기능의 환상, 오픈 플랜의 향상, 순수성의 환상, 기술의 환상, 초고층 건물의 환상, 이상도시의 환상, 이동성의 환상, 조닝의 환상, 하우징의 환상, 형태의 환상, 건축의 환상등 총 11가지에 이르는 세부적 분류에 따라 블레이크 자신의 생각을 수많은 예를 통해 다른 이들의 말을 빌어서 근대건축의 허상들을 강도 높게 비판하고 있다.

세계미래학회(WFS, 1966년~현재)

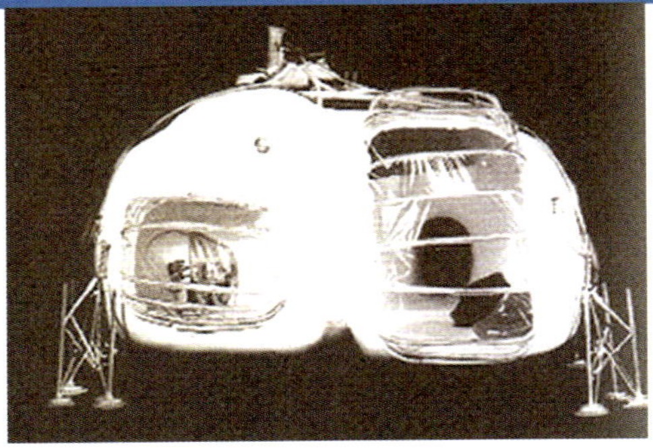

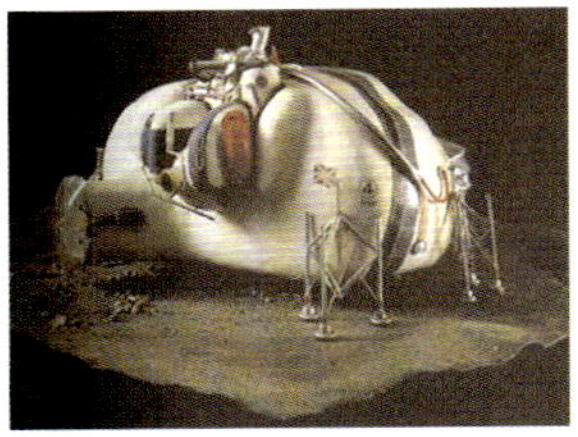

Living-pod, David Greene

세계미래학회는 1966년 미국에서 비영리조직으로 설립되어 현재 한국을 비롯해 세계 80여개국에 지부를 가지고 있는 세계 최대 미래 예측 기구이다.

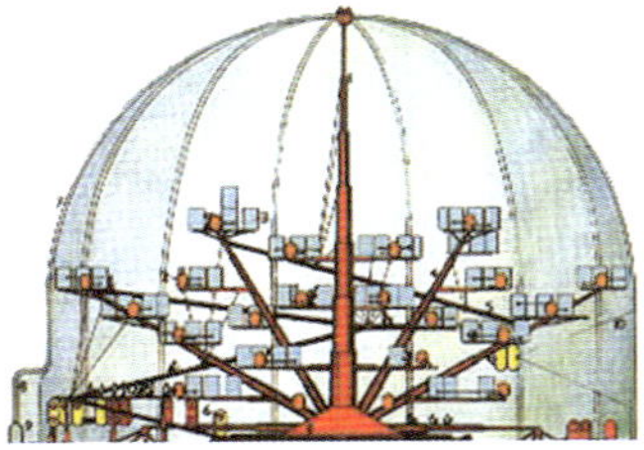

Blow-out Village, Peter Cook

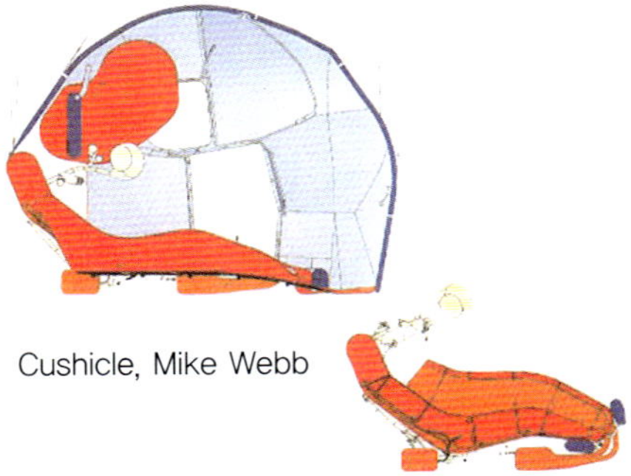

Cushicle, Mike Webb

2008년

세계미래회의 델파이 방법 연구결과를 참조하여 2008년부터 2030년까지 미래주택의 경향에 대하여 작성하였다.

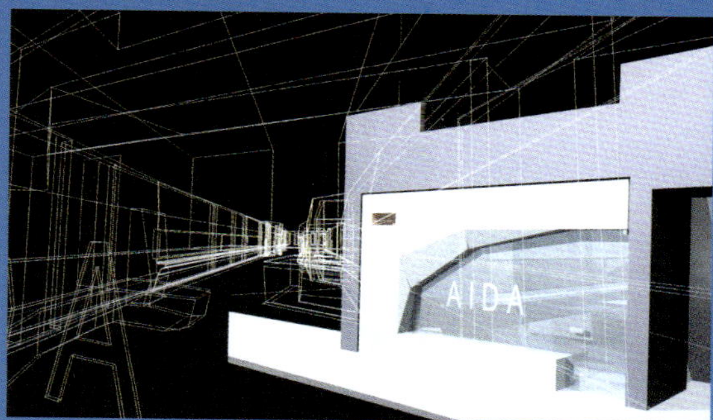

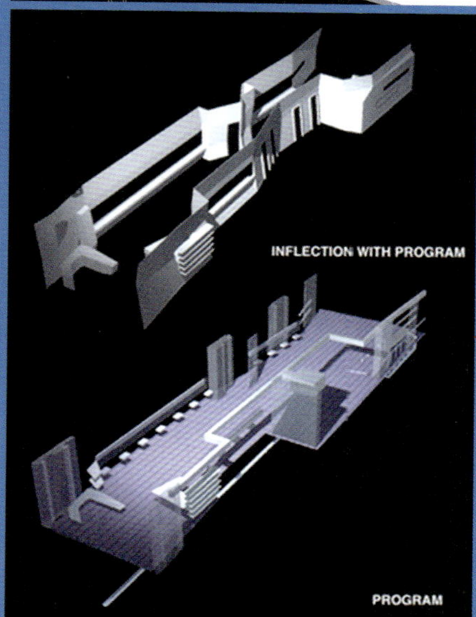

Aida Hairsalon, Archi-Tectonics

정보검색기술로서 노봇(Know-bots)

다양한 소프트웨어 보편화

텔레리빙, 직장과 가정연결, 홈 네트워크로 재택근무의 보편화

2009년

음성판독 컴퓨터 활용
자판, 키보드가 없어지는 세상
테블릿PC, 각 물체를 optical recognition 광자인식기술의 보편화

Capsule Pier

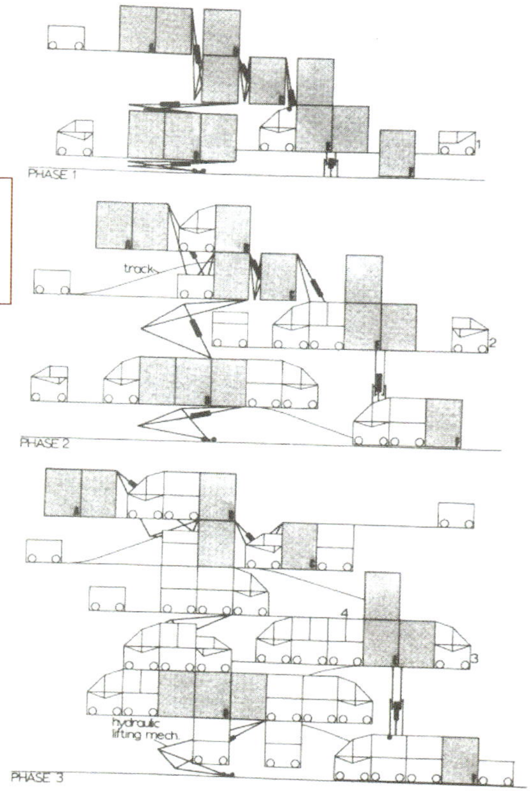

Drive-in Housing

2012년

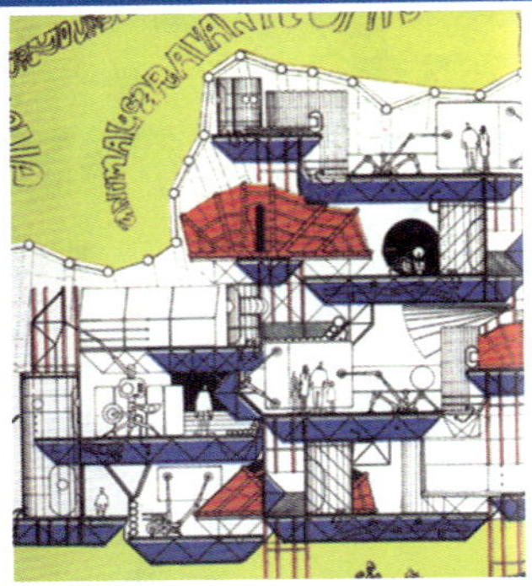

조절과 선택

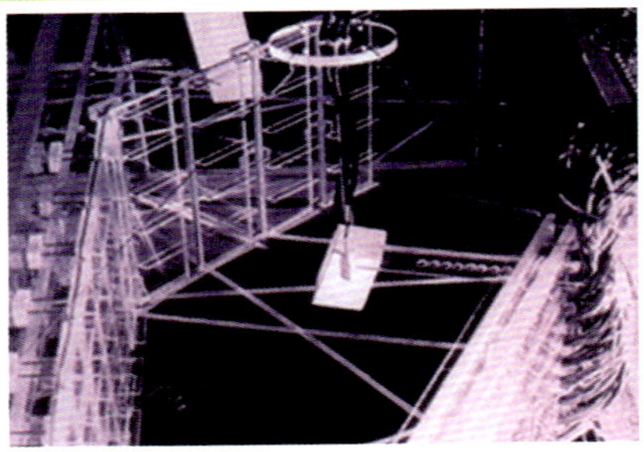

Ephmeral Urban Fields

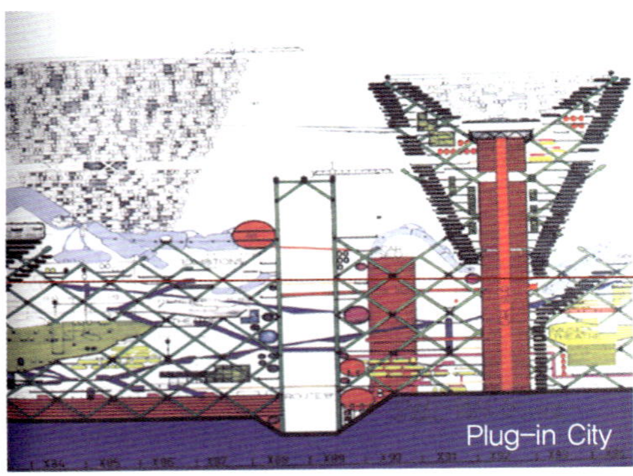

Plug-in City

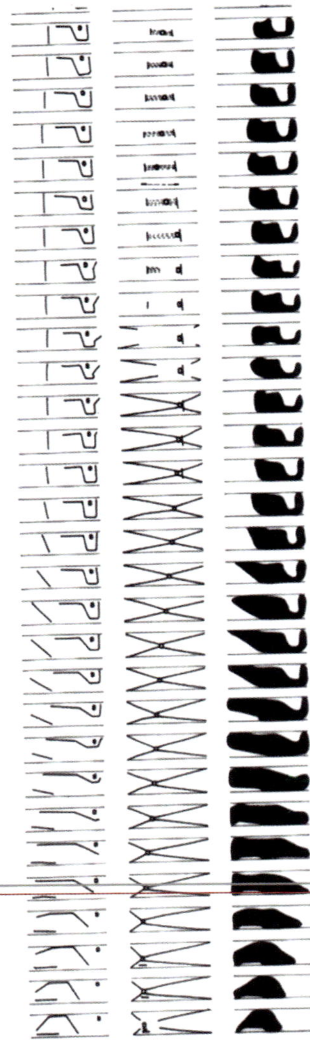

디자이너 베이비로 장애 없는 이상형의 아이를 디자인하여 출산가능
대학 등교 없이 TV또는 화상대화, 사이버 강좌가 보편화, 대학건물의 기업체 직원훈련
컴퓨터가 경영, 의료, 엔지니어링 전문가, 시뮬레이션 통해 의사결정 및 대안 제시
초고속열차 자기부상열차 등이 발달
선진국 대도시 간 교통연결 보편화
광섬유컴퓨터 즉, 빛의 속도로 처리하는 컴퓨터 보편화

2015년

여가생활 중심지 이동주택

전 기업이 친환경 기업으로 재탄생
병렬처리의 슈퍼컴퓨터 활용이 보편화
고속도로 교통체증이 컴퓨터 교통처리시스템으로 완전 해결

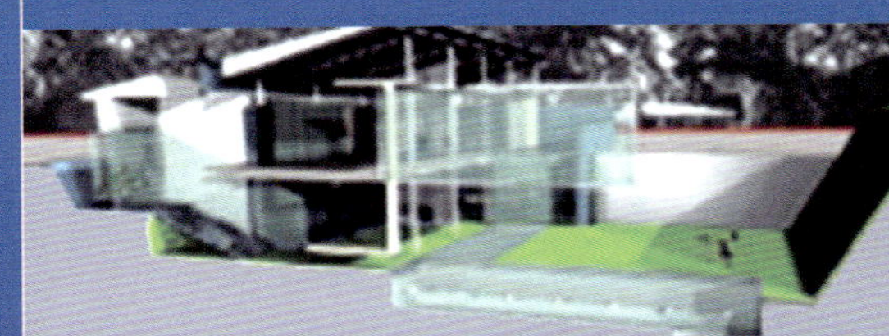

2018년

완벽한 컴퓨터 음성인식
동시통번역 가능, 통번역사의 종말
신문의 종말(빌게이츠)

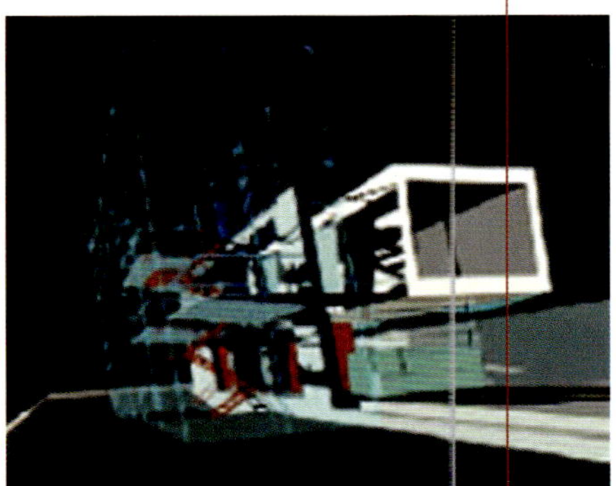

2022년

Chimerical Housings

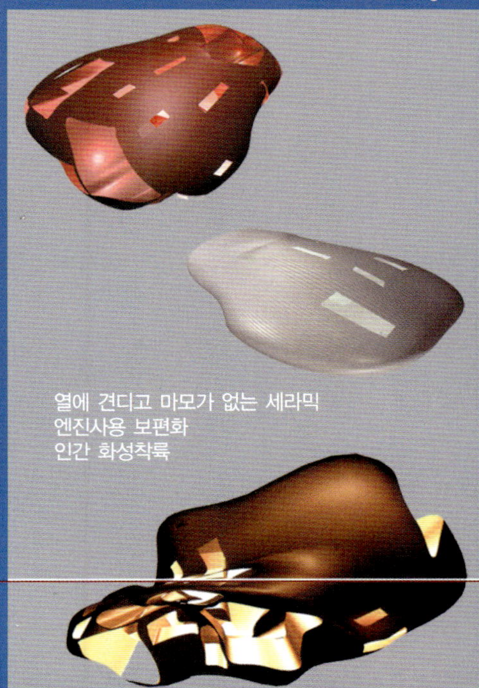

열에 견디고 마모가 없는 세라믹
엔진사용 보편화
인간 화성착륙

2023년

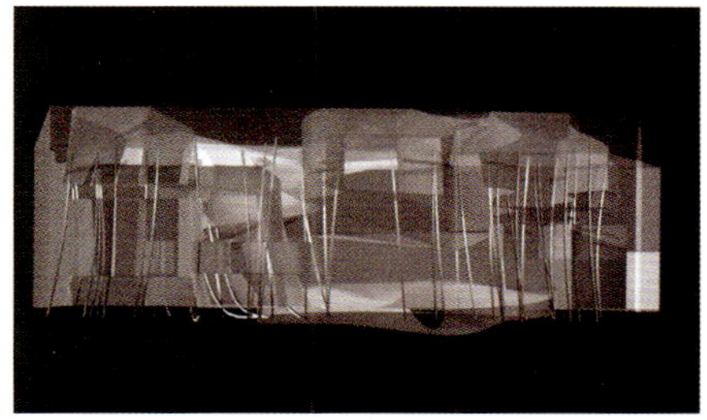

Ammar Eloueini

하이퍼소닉
즉, 소리의 속도로 나는 비행기
현 비행기의 5배이상 속력

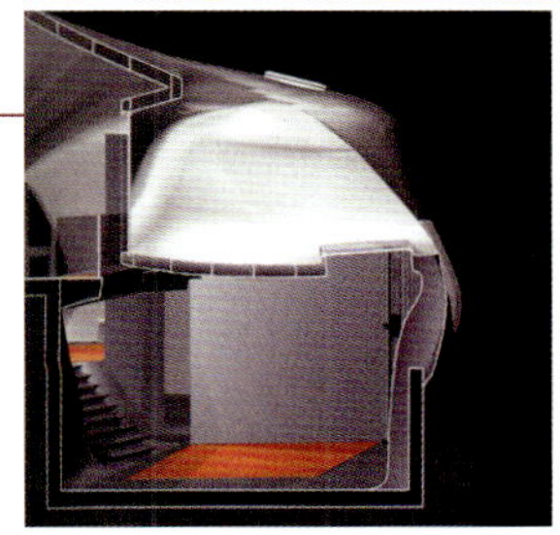

Raybould House and Garden

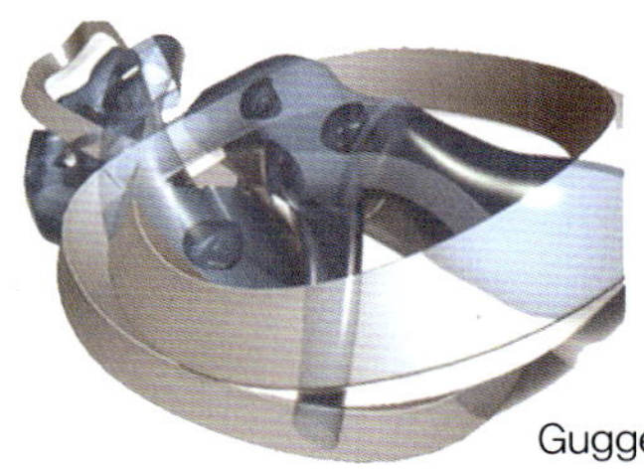

Guggenheim Virtual Museum

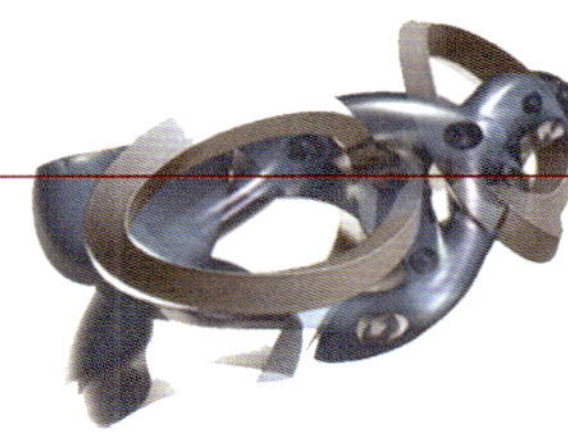

2025년

Wu House

유전자공학의 활용, 줄기세포 보편화
텔레포테이션 물체 순간이동 보편화

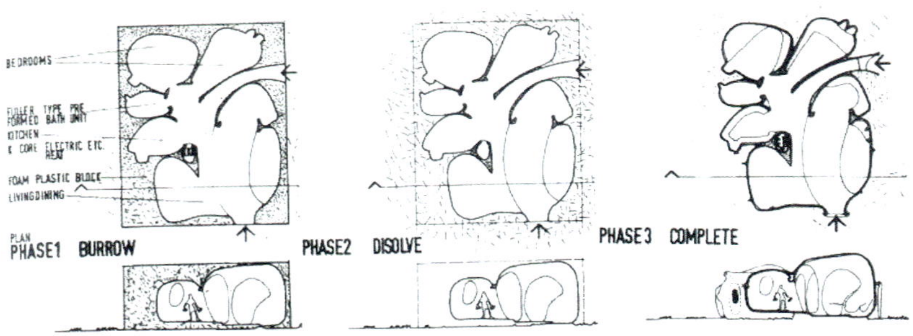

Spray Plastic House

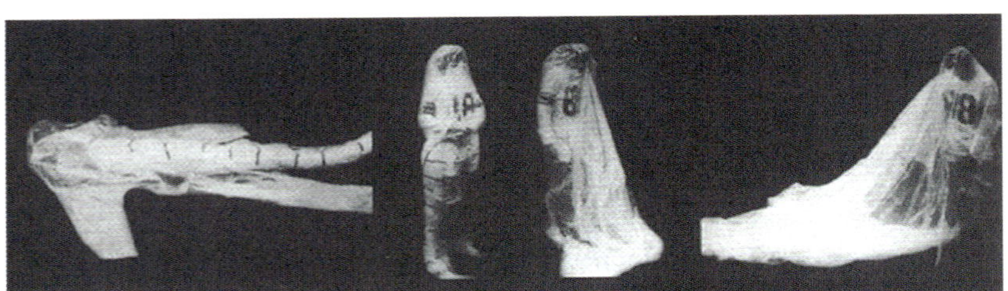

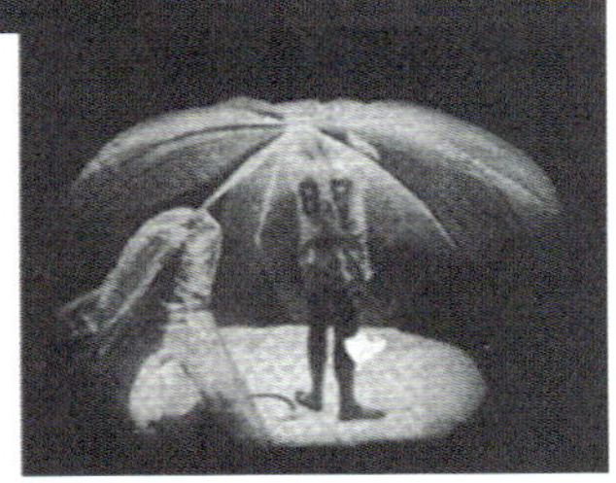

Inflatable Suit-home House

2030년

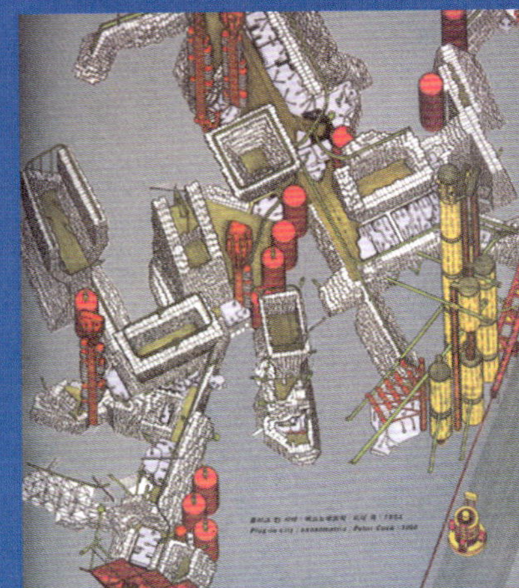

Plug-in City

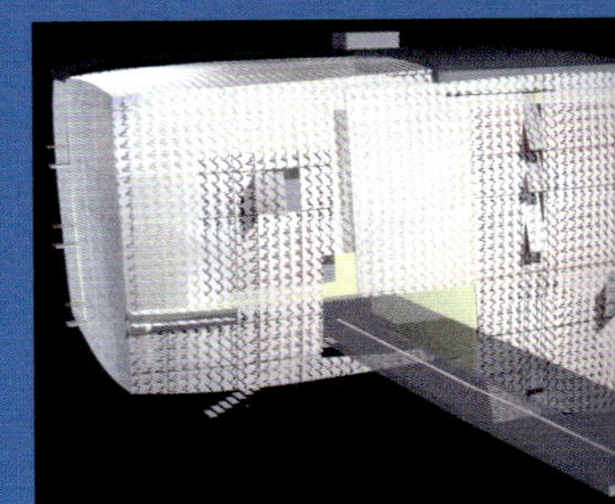

Obiectile

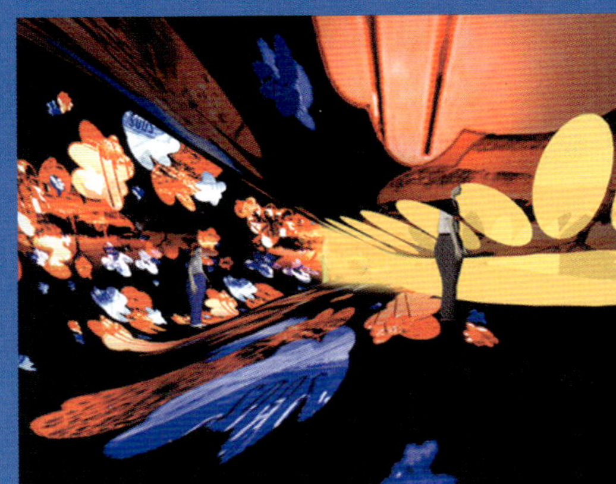

Oosterhuis.NL

인공식품 즉 채소, 고급육직의 소고기 등 공장 대량생산
건강식품으로 혼합 제조
전기생산에 핵융합활용
나노테크 활용 보편화
인간끼리 섹스종말
고성능 고효율 프로그램된 섹스로봇이 섹스 파트너
시험관아기를 유모로봇이 키움(헤이즐 마셜 미래예측전문가)

미래주택 변화에 대한 이해

주택은 사회적 산물이다. 사회적 제반 특성이 주택의 특성을 결정짓는 힘으로 작용한다는 말이다. 미래주택은 주로 과학기술의 발전에 힘입어 변화해 나아 갈 것으로 예측하지만 실질적으로 과학기술만이 인간의 미래를 변화시켜 나가는 힘으로 작용한다고 보기에는 어렵다. 미래 사회의 모습을 결정하는 힘은 결과적으로 미래주택의 모습을 결정하는 힘으로 작용할 것이다.

미래주택 변화에 대한 이해에서는 산업혁명 중심의 변화 가능한 구분을 정리하고 주거공간의 변화요소와 상호관계를 본질적요소와 주변적요소로 검토한다.

21세기는 인간해방의 완성의 시기이며 인류전멸의 세기이고, 인류문명사의 마지막 세기로 기대와 불안이 공존한다. 이에 따라 미래사회를 통제할 수 있는 힘은 공존의 지혜와 인간 평등의 이념이라 하겠다.

우주(150억년전)
지구생성(45억년전)
인류출현(200만년전)

제1차 산업혁명

도구를 가지고 농업

제2차 산업혁명

제임스왓트 증기기관(1765)
과학기술의 발전
도시문제 발생

제3차 산업혁명

정보시스템
생태학
식량문제

카드로 만든 집(House of Cards)

레비우스 우즈(Lebius Woods)

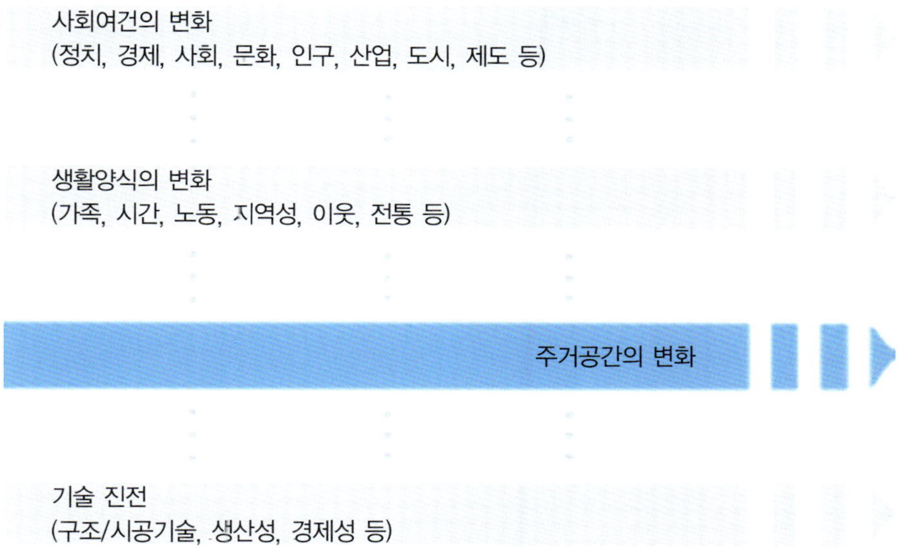

주거공간 변화요소와 상호관계

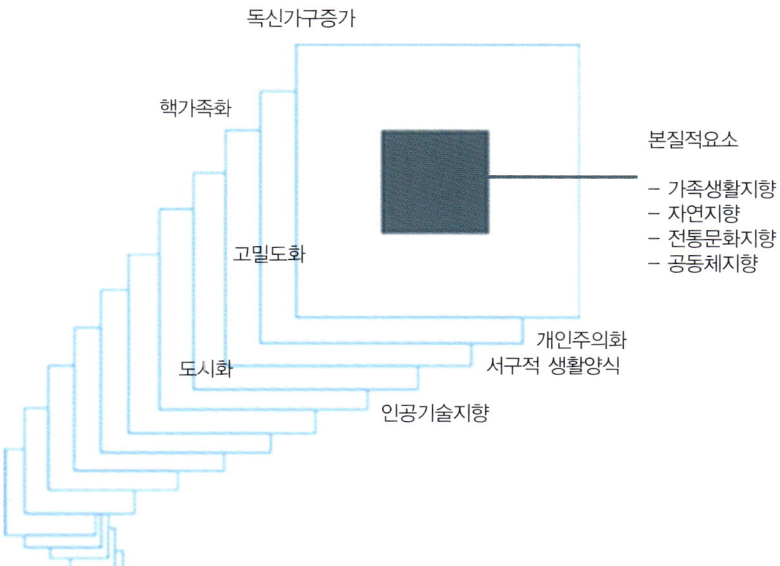

주거공간의 본질적 요소와 주변적 요소의 변화 발전

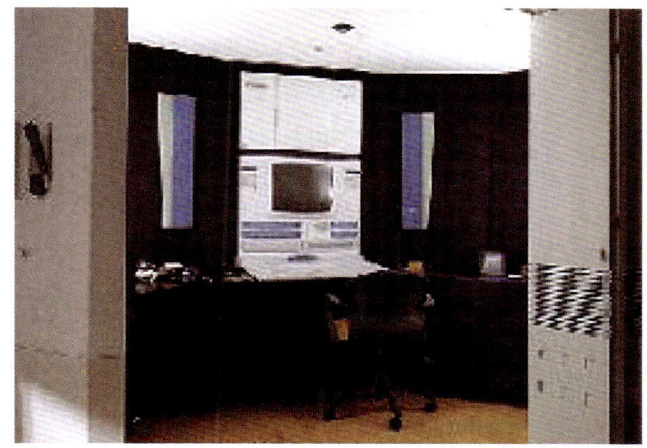

미래예측의 기법

① 미래연구(Future Research) : Halo Effect(후광효과)

② 전문가 의견조사(Delphi Technique, 1950년대, Raucl연구소

③ 추세 외삽법(Trend Extrapolation)

④ 시나리오기법(Scenarios)

⑤ 의사결정나무(Decision Tree) : 적합성나무(Relevance Tree)

⑥ 임무흐름 다이어그램(Mission Flow Diagram)

⑦ 교차 영향분석(Cross-impact Analysis)

⑧ 역사적 유추(Historical Analogy)

⑨ 모의 실험법(Simulation)

⑩ 게임 기법(Gaming)

⑪ 시스템 동학(System Dynamics) : 동적모델

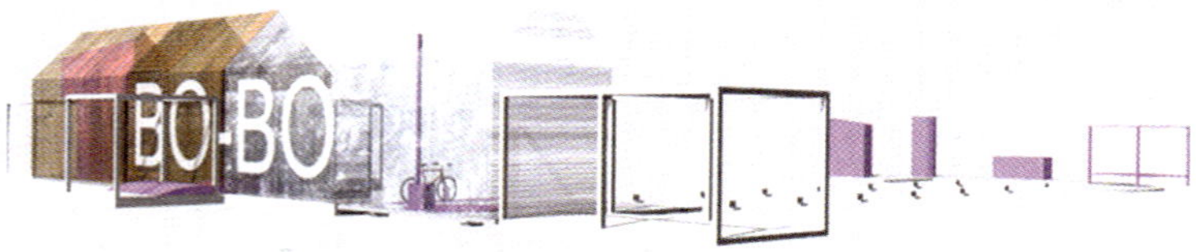

21세기의 특징

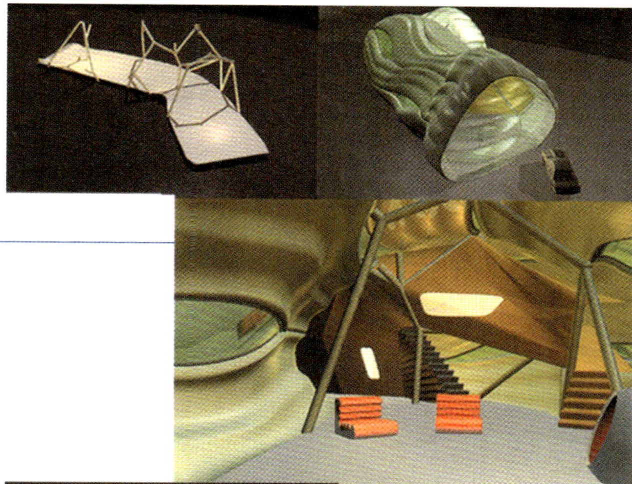

① 과학기술의 획기적 발달

19세기 이전 : 물리학의 시대(과학적 사실의 탐구)

20세기 : 화학의 시대(과학적 지식의 응용)

21세기 : 생물학의 시대(과학적 방법의 탐구)

② 시간 단위의 세분화

18세기 이전 : 완만한 변동기

19세기~20세기 중반 : 빠른 변동기

20세기 중반 이후 : 급진적 변동기

1970년대 이후 : 격동적 변화기

③ 인간화 시대

18세기 이전 : 도구화 시대

19세기 이후 : 기계화 시대

21세기 : 에너지보다는 정보

하드웨어보다는 소프트웨어

소프트웨어보다는 휴먼웨어

조직으 효율성보다는 조직의 인간화

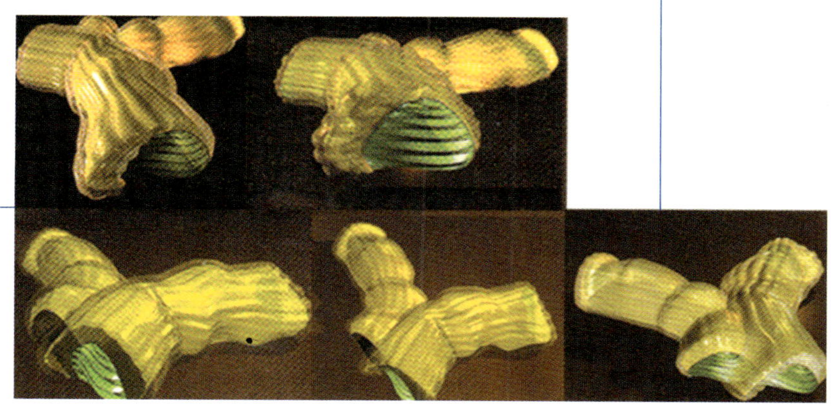

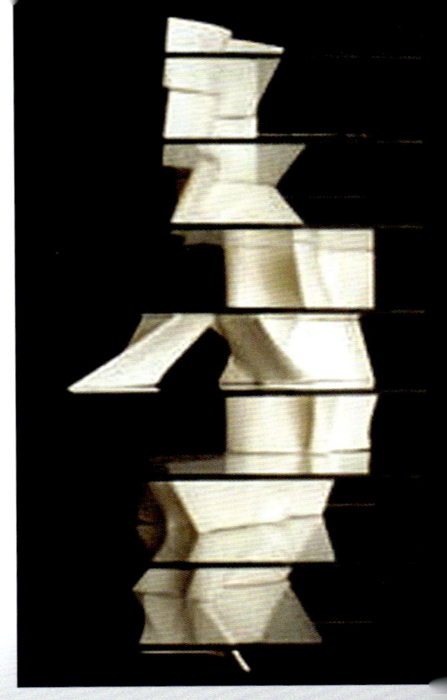

미래주택 공간의 변화

미래주택은 다양한 욕구가 분출하면서 보다 다원적이고 대립적으로 공존하는 다양성이 주거공간을 특징지을 것이다. 과거의 주택이 오늘날 어느 한 가지 모습으로 변하지 않듯이 앞으로의 주택도 일괄적으로 변하지 않을 것이다. 여기에서는 미래주택 공간의 변화에 대하여 생활서비스, 선택과 주문, 세대교류, 새로운 생활가구, 24시간 생활센터라는 5가지 항목을 가지고 예측해 본다.

생활서비스

점점 복잡해지는 생활로 신경써야 할 일이 너무 많다. 다양한 생활서비스가 따라오는 주택상품을 누구나 누리는 생활서비스로 마치 귀족처럼 모든 서비스를 누린다.

선택과 주문

주거선택의 자유, 백화점에서 상품을 고르듯이 내맘대로 선택하는 집이다.
상품의 종류가 늘어나고, 소비자가 선택하고 주문하는 대로 지어 주택의 가변성을 확보한다.

세대교류

현대판 대가족의 삶을 담는 다양한 집이 필요하다. 같은 집, 옆집, 같은 동네에 살면서 세대교류를 한다.

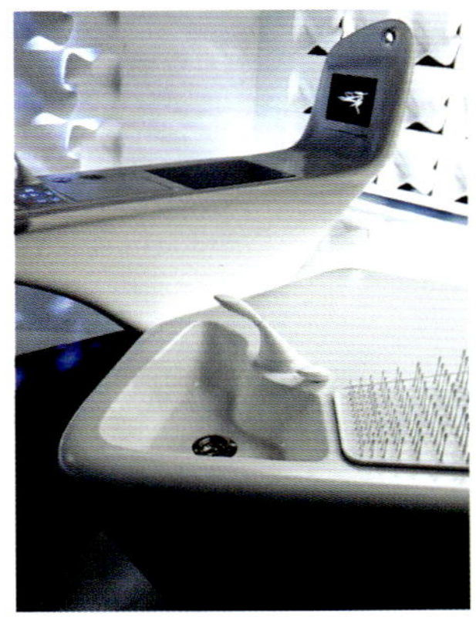

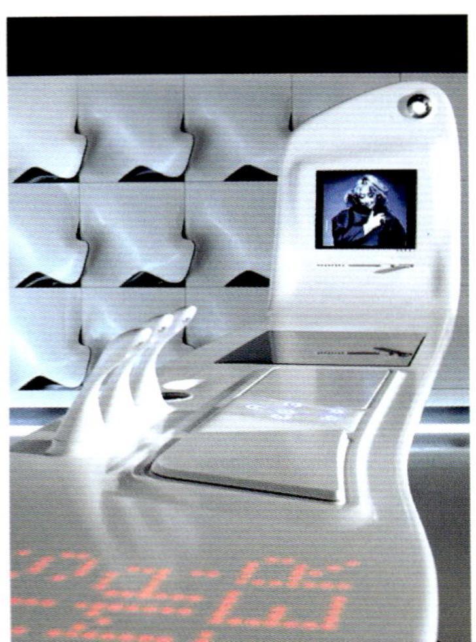

새로운 생활가구

새로운 가구의 등장과 새로운 주택이 요구된다.

끼리끼리 한가족처럼 모여 사는 쌍둥이형 공유주택과 간섭에서 자유로운 호텔형 주택, 공동생활과 독립생활을 선택하는 양방향 주택 등이 있다.

24시간 생활센터

스위트 홈에서 24시간 생활센터로 '백 투 더퓨처(Back to the Future)'의 개념으로 일하는 집, 배우는 집이 나타나고 또 다른 형태로 바뀐다.

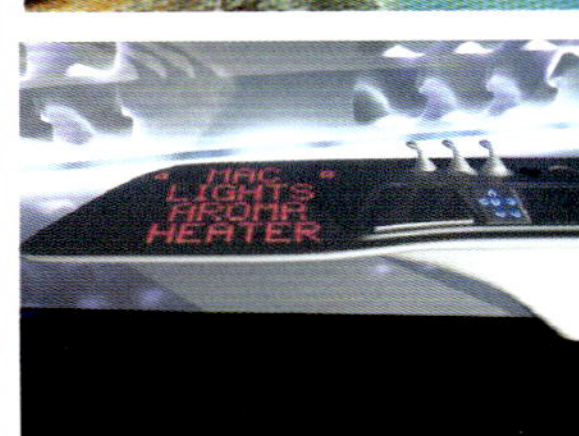

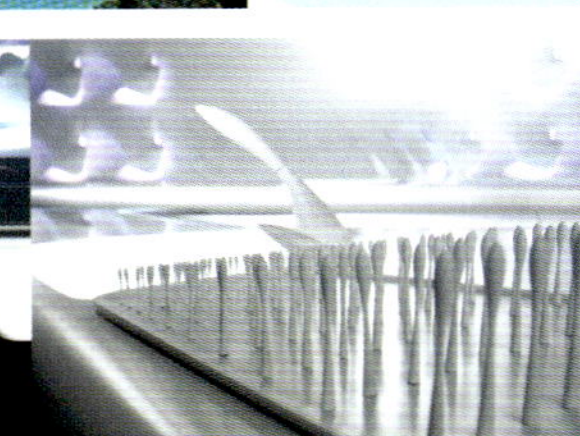
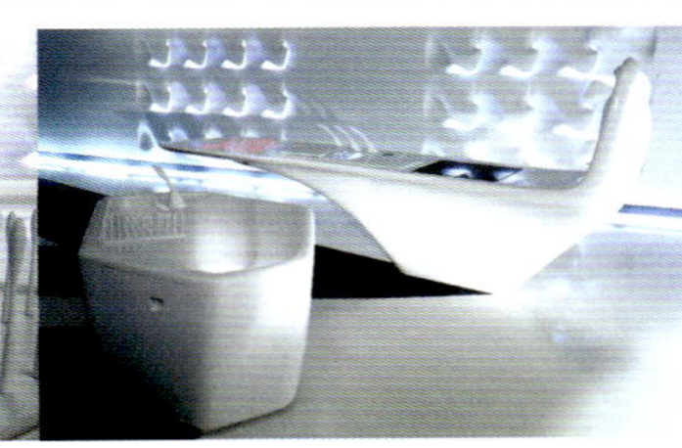

Deploying Direction

미래주택의 전개방향

미래주택은 한마디로 그 모습을 그린다는 것은 불가능하다. 그리고 그것은 사회경제적 조건의 변화, 생활양식의 변화, 기술의 발전 등 주택의 변화에 영향을 주는 제반 요인들의 변화에 따라 직간접적으로 영향을 받으면서 변화, 발전해 나갈 것이다. 이에 여기에서는 미래주택의 전개방향에 대하여 사회여건의 변화와 미래주택, 생활양식의 변화와 미래주택, 기술변화와 미래주택의 모습으로 나누어 살펴보고 이를 통하여 미래주택의 전반적인 경향을 집어보고자 한다.

사회여건의 변화와 미래주택

사회구성의 변화

고령화 추세

평균수명의 연장으로 인구의 고령화 현상이 가속화 된다. 특히 경제능력을 갖춘 고령인구의 증가는 실버홈, 케어하우스 등의 요구를 증대시킨다.

독신가구의 증가

독신가구의 비율은 지속적으로 증가추세에 있다. 이들은 일시적인 독신도 있지만 장기간의 독신가구도 상당수 있어서 주거에 대한 요구를 변화시키는 주요계층으로 등장한다.

맞벌이 부부의 증가

맞벌이 부부의 증가는 곧 가사노력의 경감을 요구하고, 수납공간의 확대 요구로 이어진다. 모든 가사노동이 단시간내에 이루어짐으로써 짧은 시간에 가사를 신속하게 처리할 수 있는 공간 또는 기기를 요구하고, 장보기를 한번에 대량으로 함으로써 수납공간의 확대를 필연적으로 수반한다.

자녀수의 감소

자녀수의 감소는 여가시간의 증대, 육아에 대한 관심증대 등으로 이어지고 이러한 요구는 취미실의 요구, 자녀실의 충실화 등의 요구로 나타난다.

사회활동의 변화

자녀수의 감소

직업의 다변화는 곧 생활의 다양화로 연결된다. 흔히 예견하는 재택근무의 증가, 사무실 기능을 갖춘 주택 등의 요구를 나타낸다.

경제활동의 경제화

기업의 활동이 전국화, 국제화하면서 단신부임자들을 증가시킨다. 이들은 단신으로 부임하여 근무기간동안 혼자 생활하기에 편리한 규모와 시설을 겸비한 주택을 요구한다.

소비, 소득 수준의 향상

소득수준의 향상으로 소비의 질이 상승한다. 주택에도 이러한 욕구가 반영되어 고급화된 주택, 개성적인 주택을 요구한다. 보다 적극적으로는 주말주택, 전원주택 등의 요구와도 연결된다.

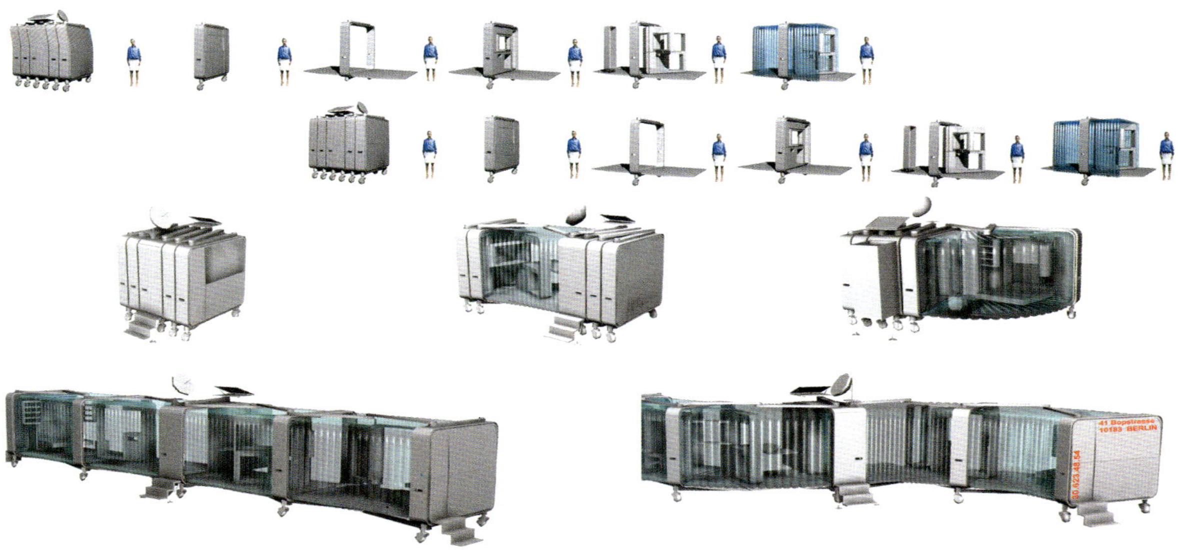

사회여건의 변화

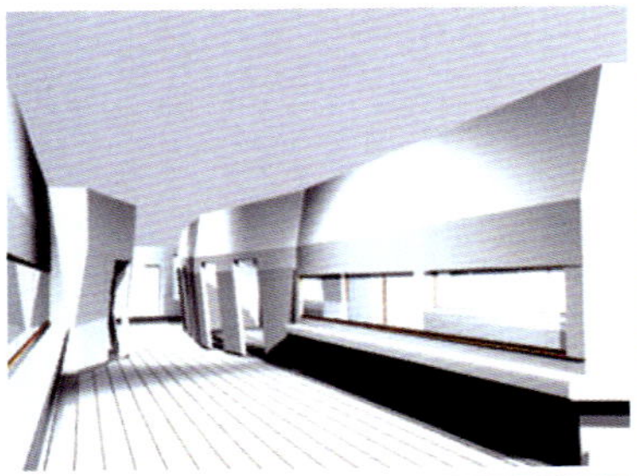

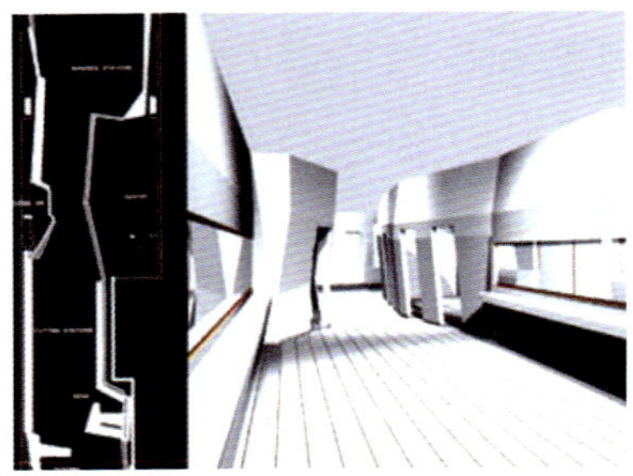

고밀개발의 가속화

지가가 상승하면서 밀도가 높아서 초고층 주택이 일반화되고, 이들은 고급화 경향과 맞물려 고층주택에서도 쾌적한 주거환경을 요구하게 된다. 고기능화한 초고층 주택의 출현을 촉진한다.

사회여건의 변화

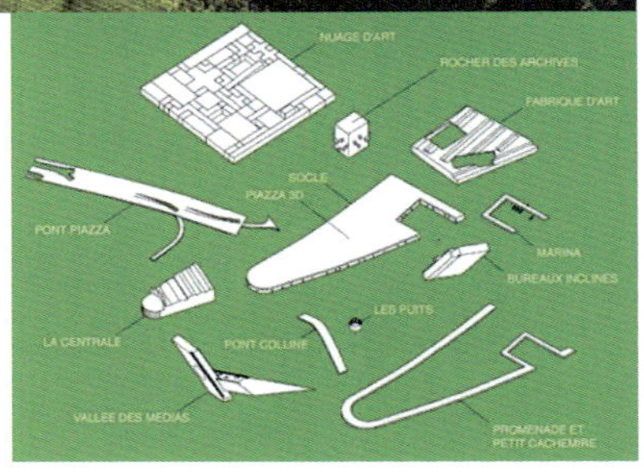

자연친화

기계화의 진전은 비단 자연과의 유리현상만을 가져오기 보다는 자연친화 방향으로 진전되는 경향도 농후해진다. 태양열등의 자연에너지 이용이나 인공지반의 인공토양을 이용한 주거공간내 정원의 도입 등이 보다 손쉬워진다.

인간화/간편화

첨단화가 복잡한 조작의 기능을 요구하거나 비인간화 만으로 연결되기 보다는 보다 인간적이고, 간편한 방식으로 진전된다.

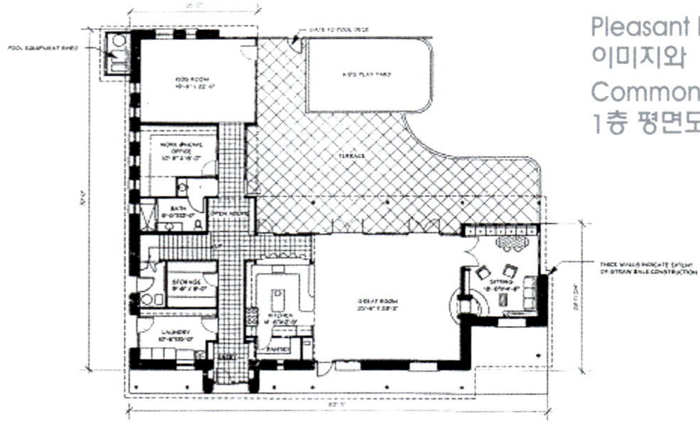

Pleasant Hill Co-housing 의 이미지와
Common House의
1층 평면도

Co-housing

Co-housing 이라는 단어는 Collaborative housing 즉, 협력주거의 개념을 담고 있다. 개념의 원천은 덴마크의 'Bofelleekaber'에서 왔으며 영어로 직역하면 'Living community'가 된다.

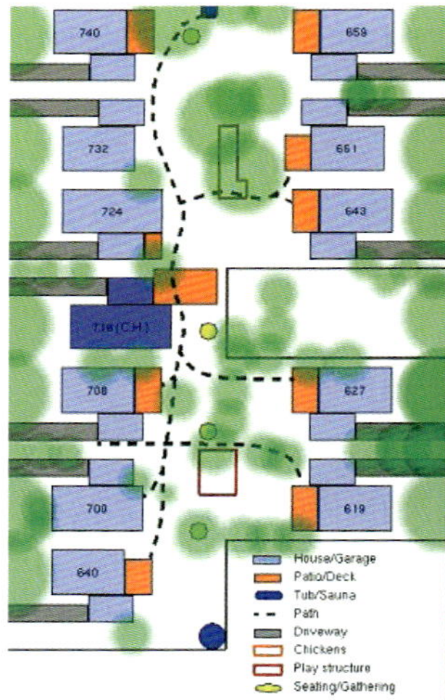

Muir Commons Co-housing의
배치도와 이미지

Co-housing에서 단지내 세대들은 각각의 주거공간을 보유하며 본인의 의사에 의한 멤버쉽(Membership)에 의해 구성된 그룹을 통해 Co-housing의 모든 주민들과 함께 협력과 분담생활을 하게 된다. 이러한 활동을 통하여 사회적, 경제적, 시간적 이익을 창출하고 한 가구가 독립적으로 누릴 수 없는 시설 및 재원을 공유함으로써 개인주거의 장점과 공공의 편리함을 함께 추구하는 것이 Co-housing의 목적이다.

생활양식의 변화와 미래주택

인간사고의 변화

시간전쟁 ↔ 여가, 레져 지향

치열한 경쟁사회로의 진입과 이로 인한 과도한 노동 등이 요구되는 여건이 지속되면서 여가, 레져생활을 추구하는 경향이 상대적으로 증대한다.

패션범람 ↔ 내것 지향

유행이 단기간에 끝나는 현상이 나타나면서 다양한 패션중심의 산업, 대중적 생활양식 등이 나타나지만, 다른 한편으로 보다 지속적으로 나만의 것에 대한 가치를 부여한다.

국제화 ↔ 지역성

국제화가 확산되어 국가간 경계가 허물어지고 주택의 경향도 국가간 차이가 줄어드는 가운데 문화적 특성, 고유문화에 대한 가치의 인식 등이 증가한다.

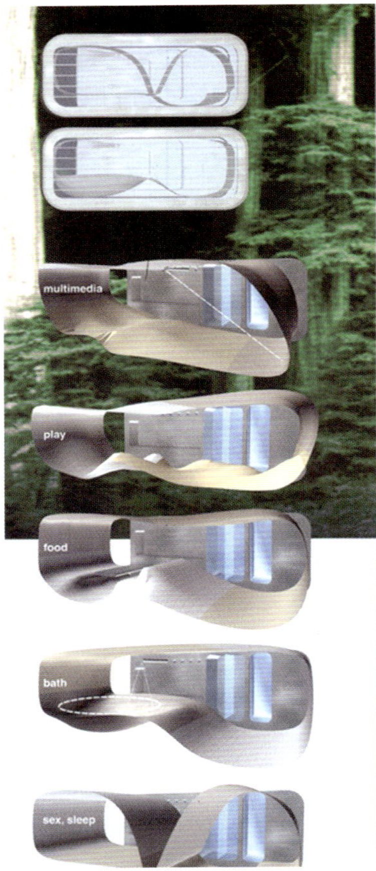

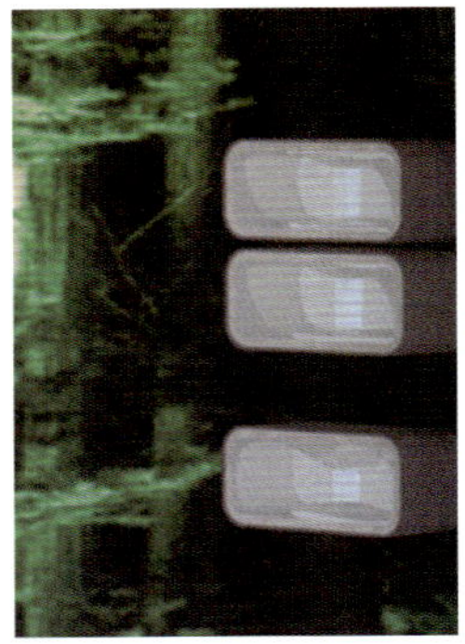

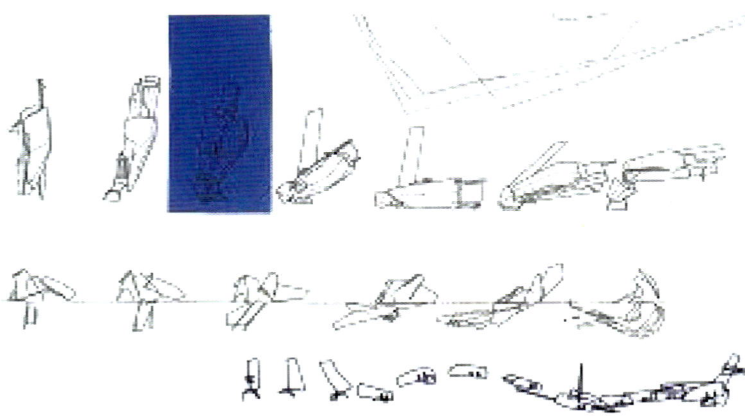

인간관계의 변화

개인주의 ↔ 동네, 이웃의 회복

산업화와 함께 개인주의가 팽배해지고 이웃간의 교류가 단절되는 현상이 가속화되면서 다른 한편으로 이웃의 소중함, 동네의식의 고양 등을 추구한다.

가족의 해체 ↔ 가족생활의 중시

독신가구의 증가, 이혼율의 증가, 과중한 노동 등으로 가족공동체의 해체 현상이 나타나는 반면, 이에 상응하여 가족의 소중함과 가족단란을 중요시하는 가치관이 상승한다.

건강지향 ↔ 총체적 어메니티 지향

건강과 위생에 대한 문제는 현재에도 중요한 가치로 인식하고 있지만, 다른 한편으로 신체적 건강 뿐 아니라 정신적 건강과 안락함을 추구하는 경향이 증대한다.

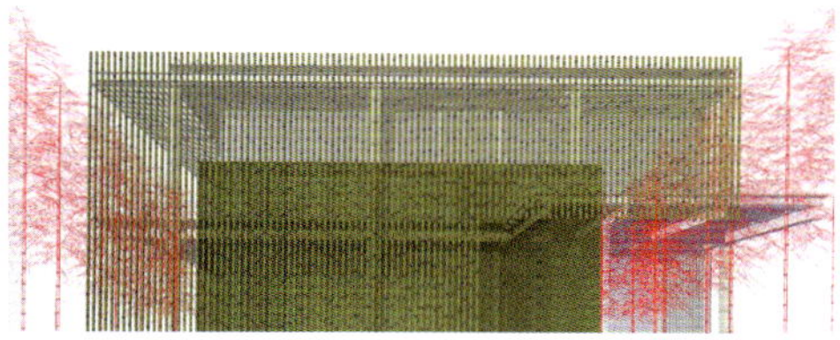
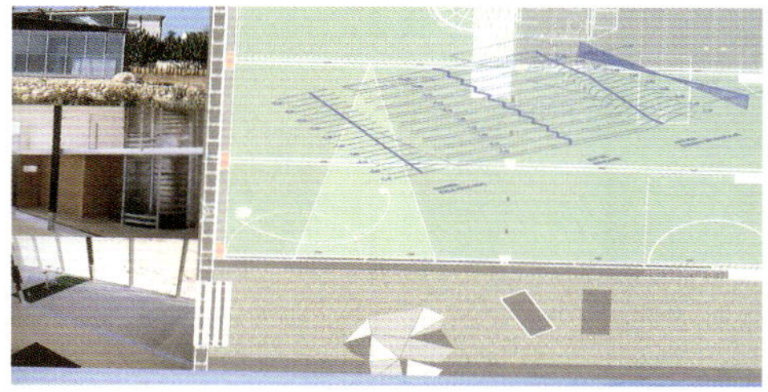

생활여건의 변화

개발 ↔ 보전 지향

개발위주의 건설이 이루어지는 환경속에서 자연환경의 보존, 전통유산의 보전 등에 대한 중요성을 인식한다.

첨단기기 향유 ↔ 수공예성 지향

첨단기기의 보급 증대로 첨단기기의 편리함을 향유하려는 경향이 농후해지지만, 다른 한편으로 대량생산된 기계적 환경에 대응하여 수공예적 물건들에 대한 소중함과 가치를 부여한다.

인공환경 ↔ 자연환경

도시화 진전으로 인공환경으로 가득찬 생활환경이 만들어지고 있지만, 상대적으로 자연환경에 대한 소중함과 가치를 인식하는 경향이 증대된다.

기술변화와 미래주택

미래사회, 미래주택에 대한 과학기술

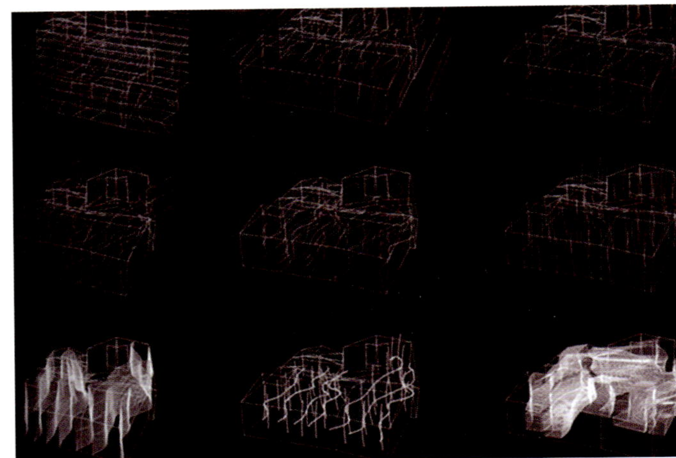

정보화

정보통신 기술의 발전은 주거생활에도 영향을 미쳐 주택내에서 빠르고 많은 정보를 얻을 뿐 아니라 홈뱅킹, 우편정보 송수신, 문화생활, 오락, 재택근무, 창작 등의 일이 이루어진다.

정보통신의 발전은 지리적 거리를 압축하여 공간적으로 대도시에 집중되는 현상의 완화에도 기여할 수 있다.

고기능화(첨단화)

정보화와 첨단화의 경향은 앞으로 더욱 가속화될 것이고, 기술의 발전은 주택공간내 각종 활동을 지원하는 역할을 하게 된다. 우선 가사의 경감에 집중될 것으로 예측되고, 각종 기능이 통합되는 컴퍼넌트 방식이 유입되어 공간의 변화에도 영향을 미친다. 각종 정보통신기술의 발전과 다양한 생활지원기술의 개발의 주택내로 유입되어 다양한 서비스를 제공하는 기술로 채용될 수 있을 것이다.

부품화/조립화

자동차처럼 여러 가지 부품을 조합하여 완성차를 만들 듯이 주택도 각종 부품을 공장에서 미리 만들어 현장에서 조립함으로써 주택이 만들어질 수 있다.

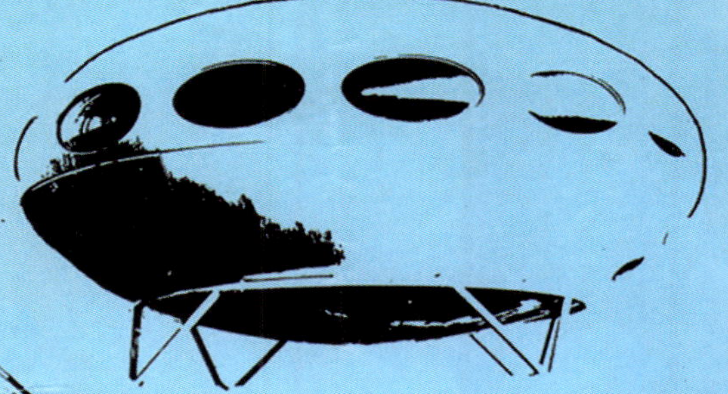

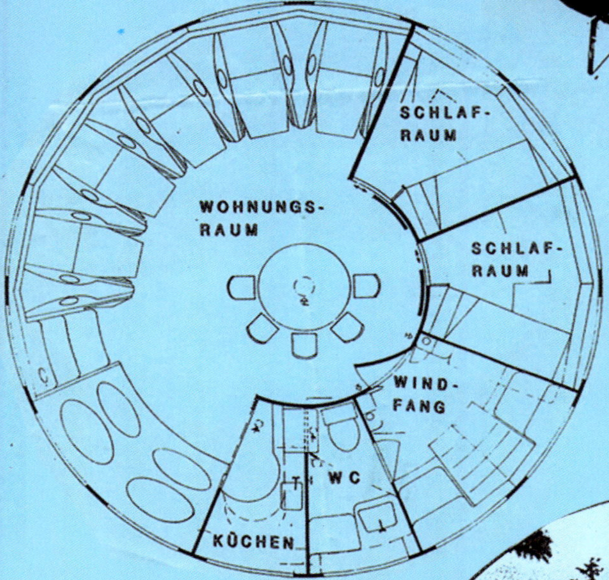

Das FUTURO Haus
Konstruktion MATTISUURONEN
Architect SAFA

미래의 주거환경 변화에 대응할 수 있는 한 예로서 우주공간, 해저공간, 고산지대 등에서 적용할 수 있도록 과학기술과 접목하여 디자인된 미래주택이다.

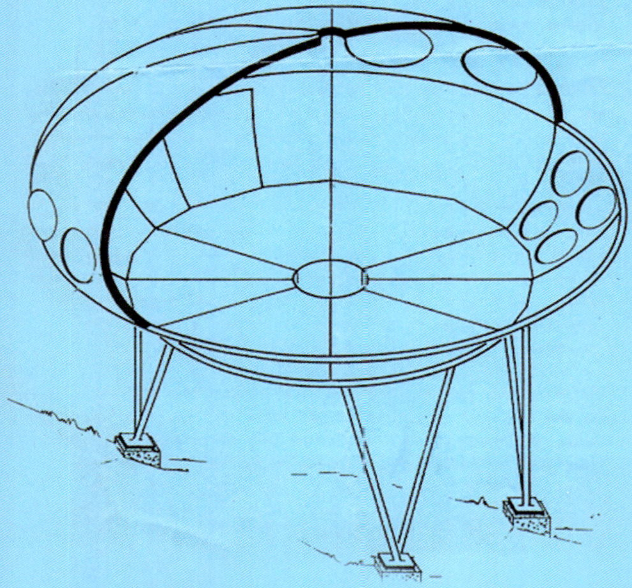

미래사회, 미래주택에 대한 과학기술

인간의 생활상은 과학기술의 놀라운 발전에 힘입어 상당한 변모를 겪어 왔다. 과학기술이 인간의 미래모습을 변화시켜 나가는 강력한 힘으로 작용할 것은 예견 가능하다.

그러나 인간이 지니는 기본적 가치관이나 삶의 본질을 가볍게 여기고, 과학기술 그 자체만의 단편적 예견에 매달리는 것은 부정적인 요인으로 작용할 우려가 있다.

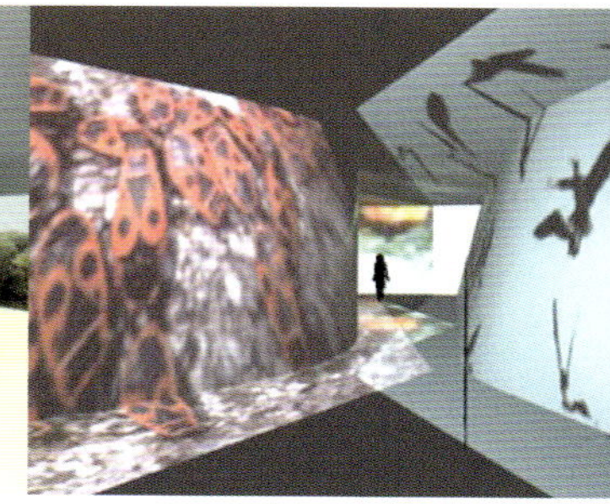

스마트홈

주거공간의 혁명

테크놀로지(Technology) 개념이 접목된 '스마트 홈(Smart Home)'이 주택문화의 하나로 자리잡고 있다. 이것은 스스로가 직접 사고하고 판단하며, 인간에게 최적의 환경을 제공하는 인텔리전트 주택을 의미한다. 즉, 주거공간의 혁명이 진행되고 있는 것이다.

산업혁명이 하드웨어(건축양식)의 변화를 일으켰다면 정보통신혁명은 소프트웨어(내부기능)의 놀라운 변화를 예고하고 있는 것이다. 주택이 생활의 중심공간으로 자리매김하고, 스스로 기능하고 사고하는 스마트하우스(Smart House)로의 탈바꿈을 예고하고 있으며 인간에게 간편성, 안전성, 고품격 환경을 제공하는 등의 다양한 혜택을 가져다 줄 것으로 예상 된다.

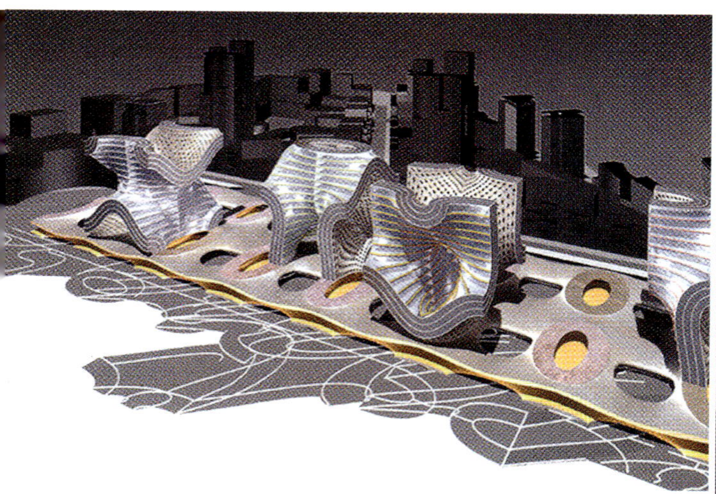
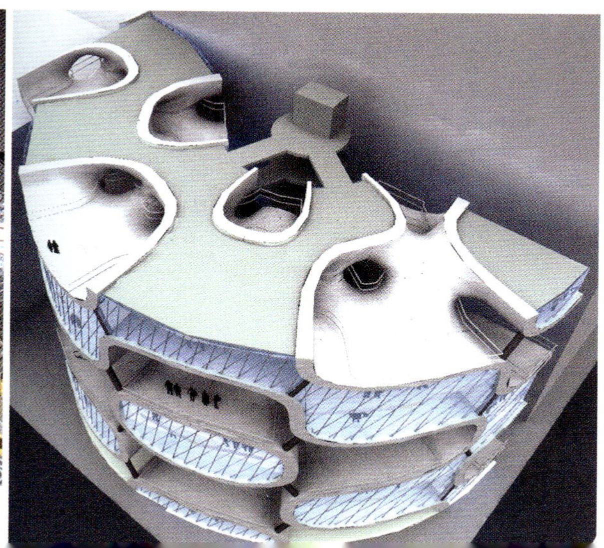

홈오토메이션

첨단 과학 기술을 이용해 각종 장비들과 컴퓨터시스템으로부터 구성된 가전시설 및 기기들을 조절, 주거 환경이 자동으로 관리됨으로써 소유주의 주택 통제력을 강화시켜 준다.

디지털 정보가전

백색가전에 유무선 정보통신망을 연결하여 컨텐츠 송수신이 가능하고 원격제어를 할 수 있도록 만든 차세대 네트워크 가전이다.

첨단기술의 적용

스마트 하우스를 위한 디지털 가전기기, 자동화 핵심기반 기술 연구와 유무선 통합 네트워킹 환경 구축, 21세기 지식정보화 사회에서 디지털 홈은 정보와 지식의 부가가치 창출 공간으로서의 주거환경 역할을 할 것이다.

스마트홈에서는 Door Phone Senser와 가사생활의 자동화, 환경정보 수집을 위한 스마트 센서(Smart Sensor), PDA를 이용한 통합리모콘, 스마트 조명/환경 자동화 등이 적용된다.

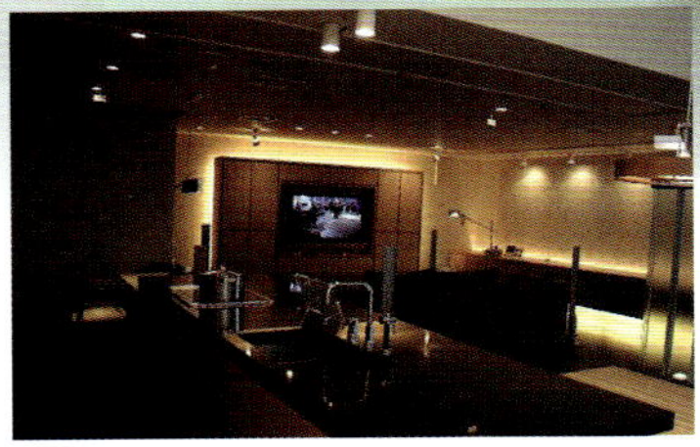

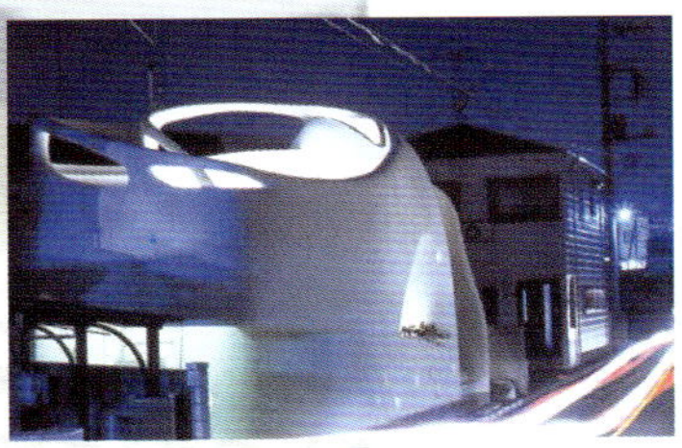

유비쿼터스 시대의 미래주택

'유비쿼터스'는 다양한 종류의 컴퓨터가 사람 · 사물 · 환경 속으로 스며들고 이들이 네트워크로 연결되어 인간의 생활을 도와주고 지원하는 신 개념의 컴퓨팅 환경을 말한다. 그리고 유비쿼터스 공간이란 물리적 공간과 가상공간이 융합하여 발생하는 새로운 공간을 의미한다.

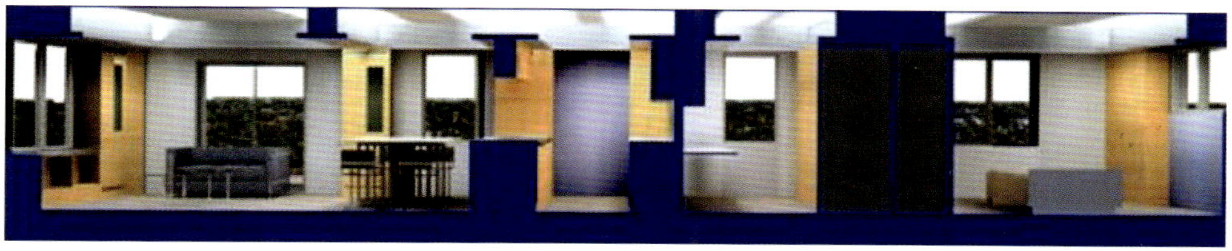

(유비쿼터스)맞춤 주택 만들기 프로젝트 'MIT House_n'

House_n 프로젝트

이 프로젝트는 인간이 필요로 하는 요소를 만족시켜주기 위한 새로운 디자인, 제품, 그리고 서비스를 창조하는 아이디어와 방법론을 제시하는 주거환경 프로젝트이다. 현재 인간의 삶을 지원하는 미래 컴퓨팅 기술 개발을 목표로 유비쿼터스 컴퓨팅에 관한 전반적인 연구가 진행중이다. 집을 건축할 때 거주자가 원하는 홈 시스템(Home system)을 포함시켜 거주자에게 맞는 개성화 된 집을 만드는 것을 목적으로 한다.

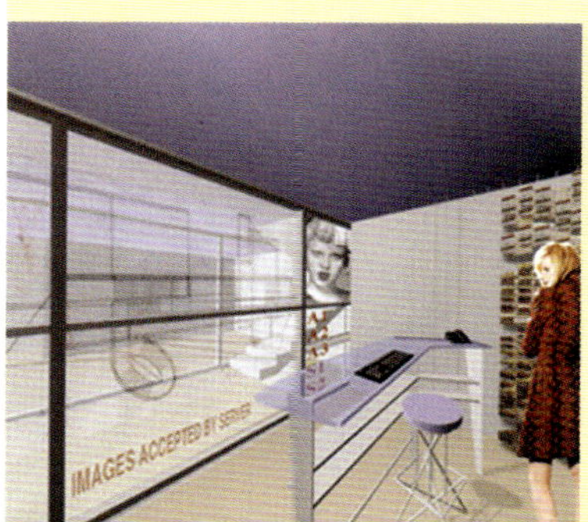

Adaptable House

적응가능하고 특화된 환경 Adaptable, Customized Environment

개인의 취향에 따라 집을 개조할 수 있도록 적응 기능화된 특화된 환경 제공

Visualization House

Architectural Design and Visualization Environment

Placelab 프로젝트를 통하여 실제 콘도미니엄 형태의 주거공간에 센서와 카메라를 설치해 일상생활에서의 사람의 Context를 분석하여 주거환경을 사용자의 편의에 맞게 바꾸어 주는 주택계획

미래주택의 전망

미래의 주택은 앞에서 살펴본 바와 같이 현재와는 다른 모습으로 변할 것은 분명하지만 그 변화의 양상은 우리가 일반적으로 생각하는 바와 같이 첨단위주로만 변화해 갈 것도 아니고, 정보화 위주로만 변화해 갈 것도 아니다. 여기에서는 앞으로 미래에 전망될 수 있는 영화 속에서 다뤄진 미래주택과 사회 변화속에서 제안 될 플러그인 주택, 초고층 주택, 우주주택, 해상주택, 해저주택, 지하주택, 디지털주택, 가상현실주택 등 다양한 형태의 미래주택을 소개한다.

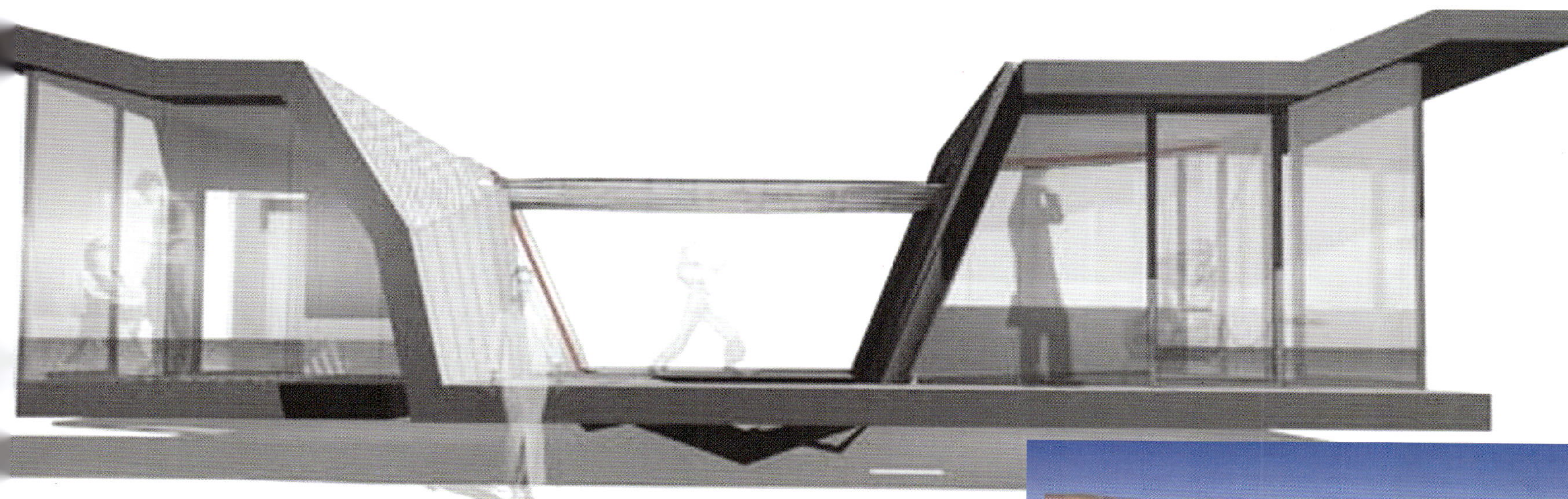

영화속의 미래주택(House in Movie)

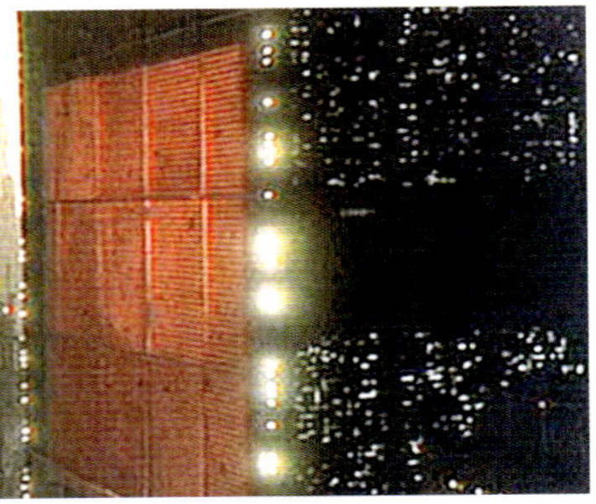

"Blade Runner(1982)"

미래도시의 이미지의 완벽한 구성과 적절한 배경 건축물의 선정으로 영화의 빈틈없는 짜임새를 보여주고 있다. 머지 않은 미래의 모습은 물론이고 21세기 건축과 디자인의 발전 방향, 그리고 끊임없이 요구되는 인간성 본직에 대한 고뇌 등을 철저한 연구와 고증, 전문가의 도움을 바탕으로 완벽하게 표현한 것이다.

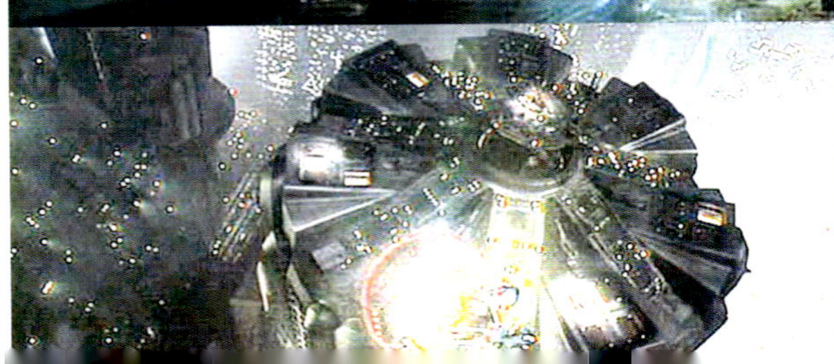

"Total Recall(1989)"

2048, Cosmos Housing in Mars

플러그인 주택(Plug-in House)

Turnon House

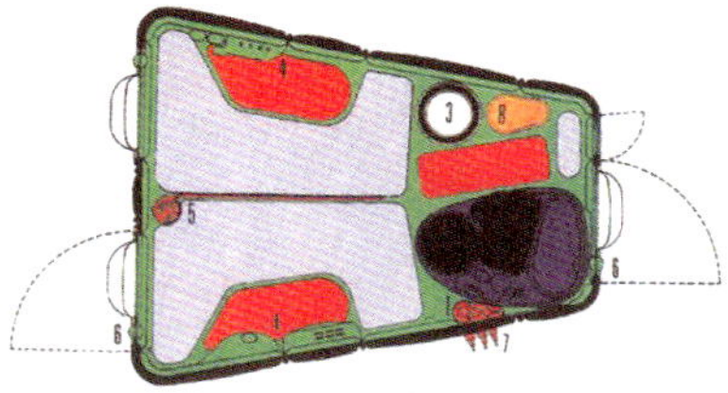

유닛의 평면도

유닛의 입면도

캡슐의 각 부분들은 기술이 발전함에 따라 거주자의 필요에 따라 자유롭게 변형될 수 있다. 동시에 그것은 플러그인 시티 개념의 연장이었으며, 캡슐주택이 플러그인 시티 안에서의 생활양식에 어울린다는 것은 이내 분명해 졌다. 이는 이 도시가 호텔같이 집적된 생활양식을 지니고 있음을 시사한다.

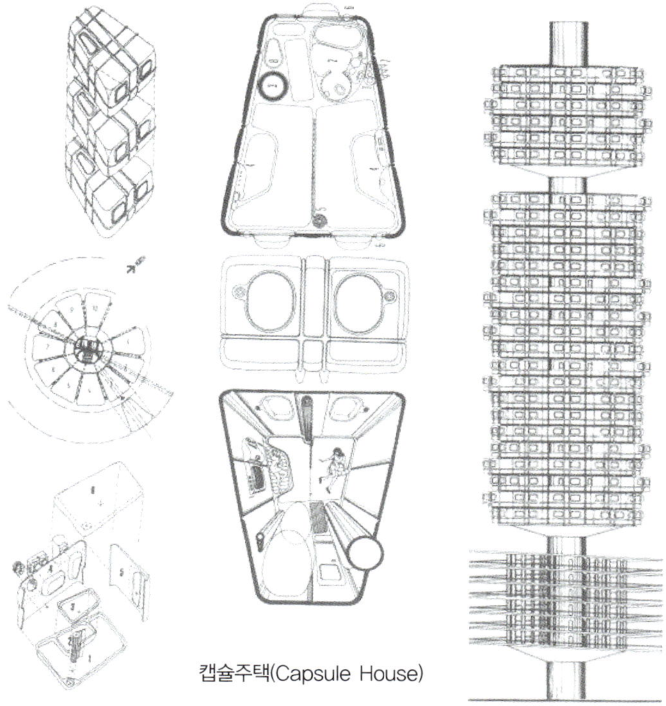

캡슐주택(Capsule House)

초고층 주택(Super Tall House)

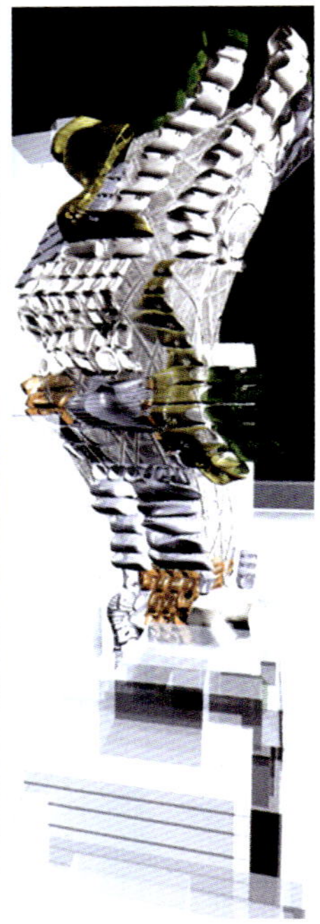

Resi-rise Skyscraper

The City Building(X-Seed 4000)

X-Seed 4000의 높이는 4000m(13,123.2ft)로서 사실상 3,776m(12,388ft)에 달하는 후지산보다 높다. 800층에 면 지름이 6km에 달하는 이 거대한 빌딩이자 도시인 X-Seed 4000은 50만~100만에 가까운 인구를 수용한다고 한다. 시미즈건설이 계획중인 프로젝트로서 도쿄에 계획되었다.

X-Seed 4000은 태양에너지를 사용하며 외부의 기후환경과 반응해 내부의 빛, 온도, 기압등을 외부의 자연환경과 동일하게 형성해 주는것으로 계획되었다.

Six Chimneys

X-Seed 4000

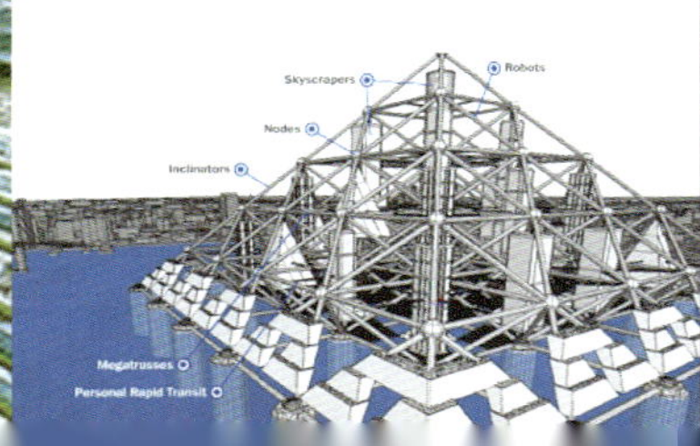

우주 주택(Cosmos House)

우주에 관련된 기술의 엄청난 발전으로 우주여행의 실현은 10~20년 후면 가능하게 된다. 이 기술의 계속된 발전은 결국 달이나 화성 등 우주공간으로의 주택공간 확장을 가능하게 해줄 것이다.

해상 주택(Marine House)

물위에 떠있는 형태의 해상주택은 대지위에 건설하는 건축기술을 뛰어넘어 새로운 건설기술의 확립과 새로운 주거공간의 창조를 의미한다.

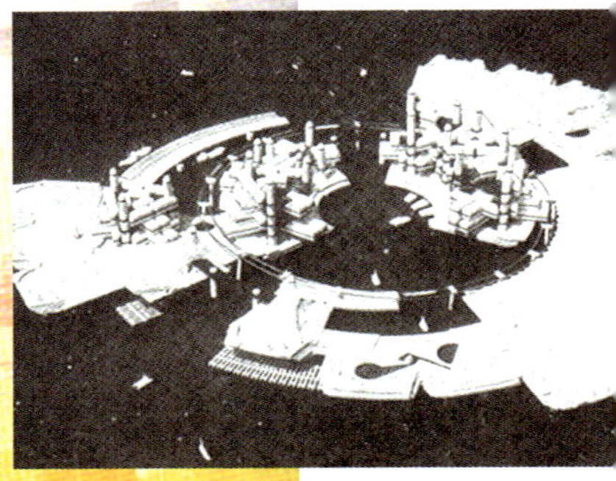

해저 주택(Submarine House)

해저에 잠수함(submarine)을 갖다 놓은 형태의 해저주택은 주거공간에 있어서 다양한 해저생태에 대한 친밀감과 새로운 경험들을 부여한다.

Aqua Tower
The 23rd space prize of international student of architectural design – excellent prize

지하 주택(Underground House)

Tube

외경 80m의 튜브형 지하공간을 형성하고 그 교차점에 초고층 복합터미널을 설치, 부도심을 지하 네트워크화하여 도시공간을 입체적으로 활용하는 계획안이다.

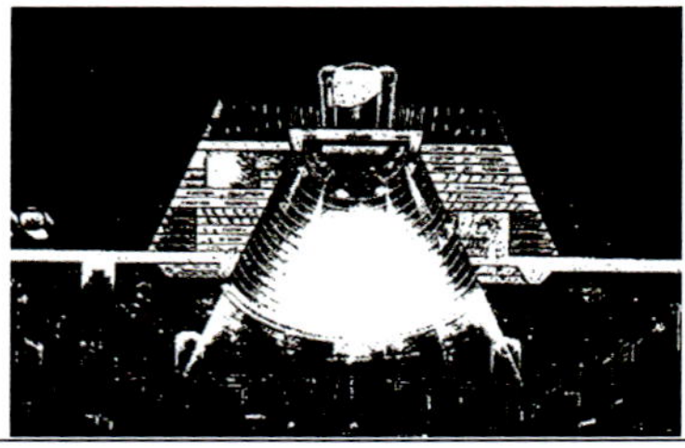

Patio

대심도 지하 인프라부분과 지상과의 연결공간을 형성하여 직(職), 유(游), 주(住) 배치시켜 도시경관 및 지하 인프라부분의 효율을 향상시키는 계획안이다.

일본의 지하개발연구사례

도시공간 이용의 효율화와 환경개선 도시의 확장(urban sprawl)에서 수반되는 새로운 공간추가요구에 대한 효율적인 공간활용과 지상환경의 보호라는 사회적 배경과 지하공간이 가지고 있는 여러 가지 환경적 안전성의 장점을 취하기 위하는데 목적이 있다. 일본의 지하개발연구 사례를 나열하면 위아래의 항목인 Tube, Patio, Alice City, HYMAC 구상과 같다

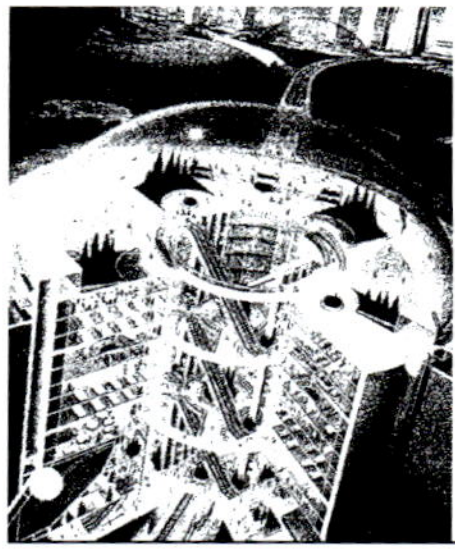

Alice City

지하에 타운, 오피스, 인프라 공간을 설치하여 그 자체가 도시기능을 완벽하게 수행할 수 있도록 네트워크를 구성하는 계획안이다.

HYMAC

Honey-comb Matrix City의 약자로서 6각형 유닛을 연결시켜 다양한 디자인을 갖는 거대 지하도시를 건설하는 계획안이다.

디지털 주택(Digital Concept Based House)

주택에 정보기술(IT)을 결합한 디지털 주택은 주거공간의 자동 네트워크화뿐만이 아니라 디지털 개념에 따른 건축물의 설계, 건설, 유지단계에 이르기까지 IT가 도입되어 제한된 주거공간에서 자유로운 형태로 변화 할 수 있는 미래의 주택이다.

City in the Sky Elephant & Castle Eco-Towers, T.R. Hamzah & Yeang Sdn. Bhd.

[Un]Plug Building & Friday Wear, R &Sie. D/B :L

3D Garden, design for Offices and 29 Apartment, MVRDV

Noh, V2 lab

OfftheRoad_5speed, NOX

가상현실 주택(Virtual Reality House)

가상현실 주택은 기술영역의 확대로 상상속의 주택을 현실화 하거나 현실의 주택을 가상의 공간에 올려놓은 것이다. 즉, 현실의 제약에 구애받지 않고 개인의 의도대로 현실과 같이 만들어진 미래의 주택이다.

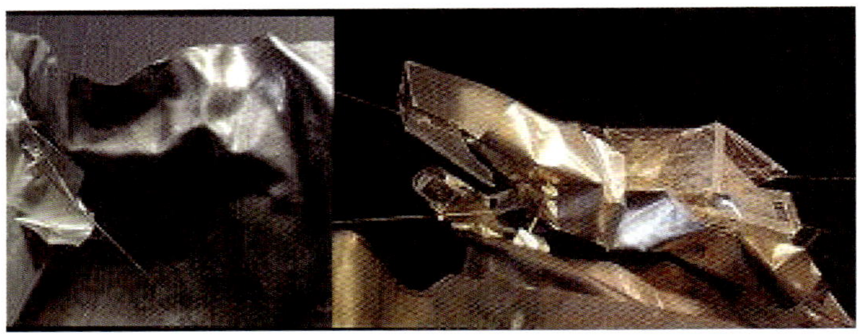

Chemical Housing : mass customized housing, Kolatan/Mac Donald Studio

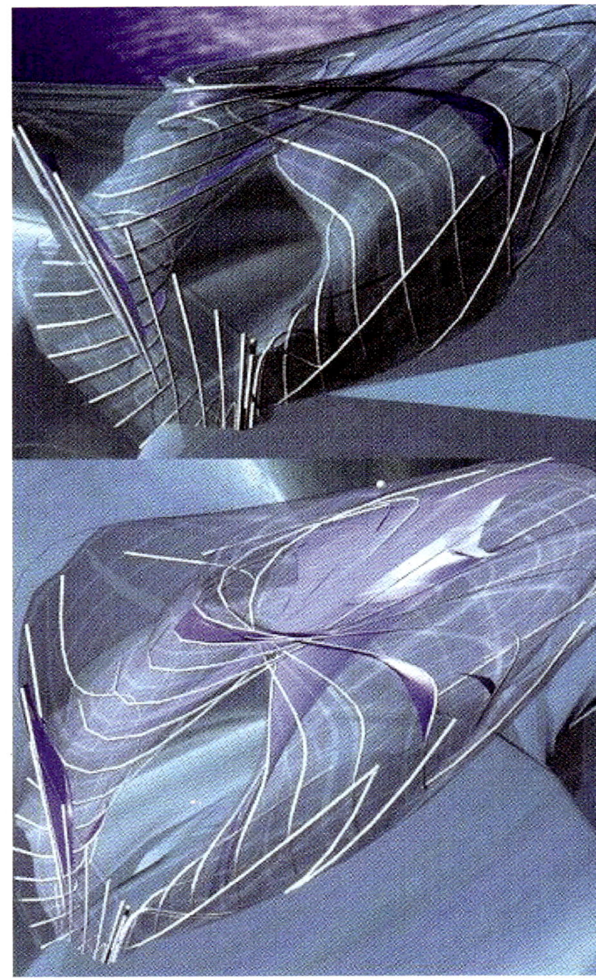

The Moebius House, Stephen Perrella, Hypersurface systems

Guggenheim Virtual Museum, Asymptote Architecture

Esk House, Naga Studio Architecture

새로운 주거의 형태

2007년 1월 30일 1판 1쇄 발행
2011년 8월 30일 1판 2쇄 발행

저 자 이 문 섭
발행인 강 해 작
발행처 기 문 당
주 소 서울 성동구 무학봉 28길 4-1
(왕십리동 966-22)
전 화 02) 2295-6171(代)~5
팩 스 02) 2296-8188
출판등록 1976. 10. 7(1-44)
홈페이지 http://기문당
http://www.kimoondang.com
I S B N 89-7086-983-4 93540

정 가 20,000원